貴婦私藏全台十大質感護膚 SALON

十個美容護膚品牌，

十位資深皮膚管理師，

帶你全面認識

美容業的創業哲學。

目

錄

序

　　自古以來，不論是東方亦或西方，人類對於自我形象與美的
意識，皆隨著環境的變遷和社會的演進，而有千變萬化的精采
發展；又如神秘的古埃及文明，當時的貴族運用植物與奶類，
引領研發出一系列美容及養生的療法，代代傳承並深遠地影響
著周邊地區的生活文化。

　　數千年過去，這些被珍藏在時光裡的美麗哲學，有些隨著時
空變化流逝而去，有些則透過經驗傳承為現代的我們所體驗、
沉浸與享受。相較於前人，如今的你我著實更加幸運，除了掌
握美的知識、技法和工具都遠比從前先進之外，最重要的是，
現代社會對於美的思維及專業都更願意給予一定程度上的重
視，我們因而有機會，去聆聽、記錄和呈現這些獨家故事。

　　《貴婦私藏－全台十大質感護膚SALON》，透過十個美容
護膚品牌、十位資深皮膚管理師，帶你深入一個充滿質感、價
值及挑戰的美麗新世界，看見創業歷程中那些閃耀著的熱忱與
信念。

以利文化總編輯 呂悅靈

FEITY BEAUTY SALON

菲堤FEITY

舒療美顏館
Beauty Salon

菲堤舒療美顏

以有條不紊的
策略思維，
打造奢華美容空間

在訪談過程中，可以感受到菲堤舒療美顏（以下簡稱菲堤）創辦人小菲老師對於美容、品牌經營、領導思維等領域，都有源源不絕的 know-how 可分享，言談間資訊含金量之高，讓筆者幾乎快要來不及打字，這般充滿熱忱與生命力的處事風格，也反映在菲堤的服務環節設計、空間規劃、人員訓練等各個面向。

自 2004 年開業至今，菲堤從個人工作室成長茁壯為一個分工有序的團隊，小菲老師身為核心人物，可說是一個充滿鬥志的美業戰士，為提供精準而有效的美容服務，與舒緩身心的頂級療癒空間，永不言倦、不斷提升是她經營品牌十多年來不變的初心。

美業生存之道：
挑戰接踵而來，正面迎擊是唯一解

「不誇張，我每天一睜開眼睛，就開始思考關於工作的大小事，一直到閉上眼睛準備入眠為止，我的腦袋才會停下來。」美容科班出身、高一就考到美容丙級證照的小菲老師，自青少年時期就開始累積大量美容實務經驗，「近年來美容業者的數量大幅增長，市場越來越飽和，但不可諱言，缺乏實戰經驗、學一些技術就直接開業的美容師太多了，導致開業的很多、收起來的也很多。跟我一樣科班出身，什麼都從頭學起，包括皮膚學、消毒衛生、店務營運、累積充足實戰經驗才開業的美容師，在起跑點上，絕對會有決定性的差距。」

然而，已在課堂上儲備了紮實基本功的美容科班生，畢業後繼續留在美容行業的人卻是少之又少，小菲老師表示，她曾經在自己管理的美容師群組內，針對四百多名業內成員做過問卷調查，結果顯示，訪談對象當中，美容科系畢業，至今仍留在行業內服務的人，只有 32%。「我的判斷是，要能夠長久留在這個行業，除了真的對美業領域的技術有興趣、有耐力去鑽研，你還要有非常旺盛的鬥志。」小菲老師補充說明。

一離開學校就進入美容工作室任職，經歷遍及個人工作室到大型連鎖沙龍，在累積實戰經驗、觀摩學習各種技法的同時，小菲老師萌生了創業的念頭。「在我作為雇員擔任美容師的時期，我觀察到一些讓我無法苟同的現象與業界生態，而待在組織內抱怨不能解決問題，我必須採取行動，才能真正地做出改變。」她指出，過去會定期到美容沙龍做臉保養的人，幾乎都是口袋夠深的貴婦客群，「以前的護膚美容沙龍，像是蒙上一層神秘的面紗，一走進去，就要做好被推銷產品或包卡方案、沒掏出幾萬塊走不出來的心理準備。」因此，在沙龍任職的美容師，其實並非對於技術有高要求，推銷業績才是存活下去的關鍵。

圖｜菲堤舒療美顏創辦人小菲老師

「在我還是別人員工的當時，即便覺得自己技術高超，但想要增加收入，也只能靠推銷產品來賺業績獎金，要如何成功地推銷產品？簡單來說，就是一直用話術『盧』客人，直到客人投降掏出錢來為止。大部分的台灣人個性都老實溫厚，不會嚴詞拒絕，因此這種推銷術會有效果。但站在客人的角度來思考，被盧到掏錢買產品或包卡，根本就沒辦法享受到美好的服務體驗。我就是為了想改變這個現象，才決定創業的。」小菲老師指出。

自立門戶成立工作室之後，小菲老師堅持不主動推銷，讓客人能夠毫無壓力地享受單次體驗，「我告訴自己，若不是客人有興趣自己開口問的，我就絕對不要去強迫介紹產品或會員方案。」而堅持的代價很大，讓她整整花了將近兩年的時間，才培養出穩定的客群。「那兩年的感受只能用刻骨銘心來形容，除了面對房租、水電雜支等帳單壓力，我必須從頭摸索，想辦法去吸引新的客群。俗話說，蹲得越低，跳得越高，我覺得我當時根本都要趴下去了，那個時期我從最低的地方，慢慢地激勵自己站起來，既然客流量稀少，我就自己設計傳單跟招牌，為了在當時最知名的平台 Yahoo 奇摩拍賣銷售體驗券、擴大知名度，我還自學了網站語法、架部落格等，每天都搞到凌晨 3-5 點才睡覺。」

小菲老師表示，堅持不推銷的致命傷就是，客人體驗完一次，很可能就不會再回來，進而被其他低價策略的沙龍吸引，甚至被推銷成為包卡會員。「就這樣在最艱困的時期，我閉關默默地練功，學習經營及行銷相關知識，到了開業二年之後，我終於證明當初的堅持是對的。」菲堤知名度的竄起，是從十多年前開始，源自於各大網站論壇，當初的業配文不盛行之時，包括 PTT、BabyHome 討論區，都有自發性網友的推薦文，「簡單來說，有做臉美容需求的客人，被市面上沙龍推銷到怕，開始會在社群上討論哪裡有不推銷的沙龍，以網友的推薦為起點，菲堤的客流量也逐漸穩定成長。」

圖｜從美容服務、保養品牌研發、經營到教學，小菲老師在不同的領域中，運用策略思維，將每件事情執行得精準且到位

灌注百分百的能量與熱忱，來打造你的美肌

點進菲堤的粉絲專頁，從首頁文字：「台南做臉首選美容沙龍」，即可看出小菲老師對於服務品質毫無保留的自信。而這份自信，來自於多年苦心鑽研，所建構出來的獨門技術系統，與所有服務細節都要精確執行的經營策略。

目前菲堤所提供的服務項目，包括臉部護理、身體護理及熱蠟除毛，其中，「清粉刺」是菲堤的主力服務項目，而小菲老師所研發出來的技術系統，也吸引了無數從業人員競相拜師學習。

「會把清粉刺這個服務項目當成主力，除了因為它是問題肌護理的必備環節，也因為我本人熱愛清粉刺帶來的成就感。」小菲老師笑著表示，「其實，以前學校是沒有教清粉刺的，就連丙乙級美容考照也沒有考這個，直到我開始在沙龍任職，觀摩不同前輩跟老師的手法以後，我發現，針對一個這麼重要的護膚環節，台灣竟然沒有一個主流而正統的教學體系，幾乎每一家的作法跟使用工具都不一樣，於是我開始專研清粉刺這個手技，慢慢建構出了自己的一套手法、理論與教學流程。」

小菲老師指出：「如果用無痛清粉刺這個關鍵字做搜尋，可以看到一堆店家的相關介紹，但其實說得精確一點，主打無痛清粉刺是替自己找麻煩。」她補充說明：「清粉刺這個技術，除了完全開放型、可直接拉出的開放黑頭之外，白頭粉刺或閉鎖粉刺一定會有按壓的動作，表皮層是有神經的，被按壓怎麼可能無感，而且每個人對於痛的感受度也不一樣，對痛感很敏銳的人輕壓就會有感覺。」

嚴格來說，菲堤的獨門清粉刺手法，應該稱之為「無創低痛清粉刺」，許多人在沙龍清完粉刺，臉上會有多處紅腫破皮的皮損，嚴重的還會繼續發炎，而菲堤獨創的無創低痛手法，不只清除閉鎖粉刺不會有傷口，也不會有誇張的紅腫。把客人臉上的粉刺清乾淨，是打造美肌的第一步，而這一步，是美容師需要燃燒生命與體力學習、長時間微距工作才能換來的成果。小菲老師表示，清粉刺這個微距步驟，需要絕對的專注，在這個步驟中美容師的眨眼次數會因專注而減少，進而導致乾眼症與結膜炎，這些狀況幾乎可說是美容師職業病的「基

本款」，再加上要長時間低頭專注作業，手臂還要懸空固定，頸椎長骨刺、斜方肌沾黏造成五十肩等毛病，也都是美容師的家常便飯。菲堤旗下所有的美容師，都得定期去找復健科或按摩師報到，「很多復健科醫師都說，因為患者年齡層普遍下降，現在的五十肩應該要改名叫『四十肩』才對，而四十肩的族群中，美容師絕對是大宗，包括我本人。」小菲老師笑稱。

　　從沙龍員工做起、到自立門戶創業至今，菲堤成長為一個十五人的團隊，旗下包括沙龍部、教學部、專營自有護膚品牌的出貨部及行銷部，從美業從業人員變成領導者，小菲老師深知「培育人才、珍視技術」，對於品牌營運的重要性。

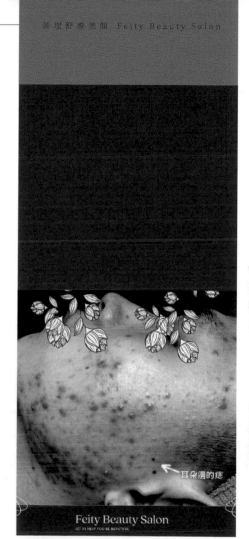

圖 |
課程前後效果對比照。獨創的「無創低痛清粉刺」技術，是小菲老師的興趣，也是教學的招牌，菲堤的美容師們為了將這個環節做到盡善盡美，可說是燃燒自己所有的體力與青春

員工離職率趨近於零，背後的秘密是什麼

圖｜小菲老師認為，給予員工源源不絕的學習動機與資源，加上充分的安全感，在遇到難關時，員工自然會站到身邊，跟你一起並肩作戰

「創業是一條看不到盡頭的路，從自立門戶，到運作團隊創造更高的效益，最艱鉅的考驗都來自於人事管理，沒有其二。」小菲老師笑著表示，在現場服務客人時，她燃燒生命在幫客人清粉刺及進行各種療程；而在訓練員工時，她也毫無保留地用生命在帶領自己的團隊。

「其實很多工作室要往大店邁進，常常就會敗在這一塊，老實說我以前也經歷過。」原來成長之路並非都是順遂的，難免也有負評的攻擊，但小菲老師卻有很強的危機應對思考，將顧客的負評轉化為進步的力量。「十幾年前我從個人工作室慢慢晉升到三個員工，有一段時間被寫了負評在 PTT 上面，那時候因為我自己一個人要帶三個員工，還不了解教育的重要性，新人進來簡單的教育訓練後就上線做客人，而我總是把大部分清粉刺工作扛在自己身上，看起來不嚴重的都給美容師清，但美容師技術跟我的落差太大，造成只要是看了網路好評、帶著高度期待來的新客，就會覺得根本沒有這麼厲害。」

小菲老師回想著：「我真的覺得自己很大的優點是『願意自我檢討』。也是從那一年開始，我深刻體會到規模要穩定成長，並不是只有徵才擴充，快速擴大反而是危險的，教育人才才是關鍵，如何讓每一個技術者跟我的水準一樣，才能真正做到顧客分流，品質一致。招募員工就是希望有更多專業人員，來分擔我的客流量，減輕我分身乏術之苦。因此，我對於員工的期待，就是希望她們能夠完全複製我的專業跟能力，才能達到我所要求的精緻服務品質，我們的美容師已經進入完全考核制度，技術含量越高，底薪與獎金也會翻倍，而非以業績來區分等級，藉以激勵技術者們無止盡的精進自己。」

針對許多業者會遭遇到的狀況：旗下美容師在技術成熟後，就會想自立門戶，導致業者痛失戰力，還需要從頭訓練新員工，小菲老師乾脆地表示：「這個情形所有創業者都會碰到啊！如果不希望員工離職，那就創造一個讓她們『不想走』的環境吧！」

「曾經有個我一手培養起來的美容師，在我產後坐月子、最分身乏術的時期離職自立門戶，還直接複製了我的服務 SOP、服務定價跟文案，連包卡的會員也被帶走。遇到這種事，會有傷心、甚至感覺被背叛的情緒很正常，但是站在員工的立場來思考：如果她覺得自己學得夠了，在這邊已經無法獲得更多知識或技術，那她還有什麼理由繼續待下去？」

小菲老師認為，留住員工的秘訣無他，就是把自己變成一個源源不絕的寶庫，不管是經驗再老到的員工，都可以不斷地學到新事物。「我目前是用自己創立的教學模式在訓練員工，新進人員的內部訓練時程為一年半到兩年，包括護膚手法、清粉刺技術、身體按摩到熱蠟除毛，每個專項都要學會且審核通過才能上線服務，美容師會陸續接受 C → B → A 三個階段的考核，通過 A 級算是店內的最高階美容師，但即便是最高等級 A 的美容師，每個月也都必需接受內訓課程，時時調整手法與學習最新的知識及技術。」

　　「技術者的專業，是需要被尊重的，但另一方面，也沒有哪個技術者是完美無缺的，如果領導者能讓員工一直感受到學習的樂趣與必要性，並持續提供相關資源，員工自然會樂於待在這個環境。」除了對於員工的尊重與培育，小菲老師認為，給

予員工允分的安全感，也是菲堤近十年來，離職率趨近於零的主因。「在 2021 年因為 Covid-19 疫情，近距離服務的美容業首當其衝，有兩個半月的時間美容業被勒令不得營業，不只美容業，被疫情所衝擊的航空、旅遊業者也開始讓員工放無薪假，但是如果我這麼做，團隊的士氣勢必會被動搖。」於是，三級警戒期間，菲堤的員工照常領薪水，上班時間就抓緊機會進修，同時開直播推廣自有護膚品牌「育膚堂」的產品。

「那時候我當然是壓力很大啊！沒有營業收入薪水還要照發，但是我的夥伴們也很貼心，她們還傳訊息給熟識的客人動之以情，拜託客人支持我們直播的產品，大家也主動提出要用特休假來換，還天馬行空一直幫我想有什麼辦法可以賺錢…菲堤的全體員工就這樣各司其職、各顯神通地一起度過了這個難關。」小菲老師笑稱。從 2006 年開始招募訓練員工，經過商業模式幾經調整，小菲老師在 2019 年 12 月開創了自有護膚保養品牌「育膚堂」，也成立了專業教學部門，以回應各種級別、各種經驗值的學員需求。

持續反思、持續進化的教學思維

「各行各業都是一樣，很會實作，不代表很會教學。業界也有很多厲害的清粉刺專家，而他們不一定能把自己的厲害之處，複製在別人身上，但是，我可以。」小菲老師從 2016 年跨足教學領域，至今累積的學員人次數量，可說是全台之冠，甚至還有學生是特地從國外與外島飛來，想學習小菲老師獨門技術的從業人員。

「而且，我的學生之中有一半以上，是已開業的美容師，有很多甚至開業數年。」在資訊流通快速的社群媒體環境之中，新手想要入行，已經不需要報名美容專科學校，從卸妝、洗臉等步驟開始苦練基本功，許多人上完一兩期課程，自認了解步驟與技術後，在臉書或 Instagram 開個帳號就成為了「業者」。「許多人也是在實際開業接觸到客人後，才體會到美業技術水有多深，有太多的狀況，是經驗值不足的新手無法應付的，於是會感覺到自己很虛。這樣的同業搜尋的教學，就不會是一般的補習班了，他們渴望的是能從自己相同行業的佼佼者中汲取成功經驗。」小菲老師表示。

小菲老師從員工內訓開始，逐步建構了自己的教學系統，「但我不是一套課綱走天下的老師，我會從學員反饋與提出的問題當中，再深化自己的技術思維、去調整自己的課綱。也要因應不同級別的學生，使用不同的教法把她們教到會。例如，基礎的皮膚學理，只講艱深的專有名詞美容師真的聽不懂，要用圖像式的記憶法來讓她們了解基本構造；手法的部分，則是用簡單的口訣，幫助學員加強印象。一個課綱是無法一次教會所有學生的，於是後來又細分出基礎班跟進階班，已開業有經驗的同業需要的是更深入的技術。」縱然學員的狀況題五花八門，小菲老師每天都要回答學員的問題甚至回復到半夜，然而，她也從這些狀況題中，得到許多反思與精進的契機。

讓學員們津津樂道的，還有小菲老師提供附帶助教與 model 的三小時複訓，「如果只是單純複習，學員自己看筆記就好，我所謂的複訓，是要求學生回去練習至少 20-30 個人次且提供影片為證，才能來參加的。」她進一步說明，上完課的學員，如果沒有累積一定的實作經驗值，是沒辦法看出問題點的，找不到癥結，回來複訓也沒意義。「沒有回去練習的人真的不要來複訓喔！我會生氣！」

而在創立自有保養品牌「育膚堂」後，小菲老師也將她有條不紊的教學思維，應用在育膚堂夥伴店家的身上。

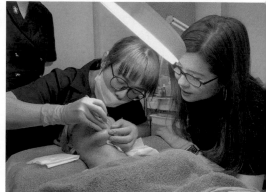

圖｜小菲老師的清粉刺專班學員人數居全台之冠，不管是新手、初入行業者或是經驗值豐富的行家，都能跟小菲老師習得自己需要的 know-how

自有品牌育膚堂：
保養是科學，不是一種儀式感

「會創立自有品牌，也是因為我在教學現場，需要使用到大量的相關保養品，於是就想要開發一個完全符合自己需求的產品線。」小菲老師表示。

做任何事情都要看到具體效果的小菲老師，特定委請知名保養品配方師林志青來研發育膚堂產品，在初步研發完成後，先讓菲堤沙龍部門試用效果後才量產，同時也送到外部實驗室取得驗證數據，光是一個品項的實驗費用就高達二十幾萬新台幣，而這都是為了構築育膚堂品牌的核心價值與公信力。「舉例抗痘產品好了，要取得具體、有公信力的數據，包括一次使用多少量、在幾週內抗痘抗菌的比率是多少百分比，消退發炎痘痘泛紅區塊可以達多少百分比，這些我都要看到實際的數據，才能宣稱產品的效果。」小菲老師再次強調：「肌膚保養是科學，不只是一種儀式感，效果要用數據來佐證，不是用話術。」

「而我們推廣育膚堂的方式，也有別於其他沙龍護膚品牌。」目前全台共有三十家美容沙龍夥伴店，都加入成為育膚堂的合作店家，除了產品使用的教學之外，小菲老師也會傳授皮膚學、產品成分認識、定價策略、營銷方式等一整套技術手法給合作夥伴。「我願意把菲堤的整套成功模式，都分享給夥伴店家，如果她們能夠完整地複製我的成功模式，夥伴店好，育膚堂也會更好。」

圖 |
小菲老師研發保養品牌「育膚堂」，不但提供有數據佐證的有效保養品給沙龍通路，還會免費傳授技術與經營管理等知識，希望讓不同區域的消費者與夥伴店家都能受惠

YU FU TANG

專業沙龍級美膚保養品

21

守成不是創業者的最佳選項，未雨綢繆才是

「從 2004 年創業至今，雖然菲堤從來沒有花預算下過廣告，光靠著客人之間的口碑行銷，來客量就能夠不斷穩定成長；但我認為，創業者滿足於穩定，是一件很危險的事情。」小菲老師指出。

她表示，自社群媒體越加發達，臉書、Instagram、抖音等各種品牌曝光平台接連誕生，「這表示，客戶投注在你身上的注意力與忠誠度，隨時有可能被搶走。」因此，她強調，就算客流量穩定，還是要持續地開源，發想各種可能性。「開源，也是分散風險的操作，當無預期的疫情三級警戒來襲，就算不能開門營業，也可以將多出來的時間，用來好好行銷育膚堂跟菲堤這兩個品牌，強化跟受眾之間的互動。或是，在沙龍客源已

圖｜
永遠秉持著「還能再更好」原則的小菲老師，運用充滿低調奢華感的深藍作為品牌的主色調，一次次地重新裝潢，讓所有裝飾元素融入品牌色，用沉浸式的細微手法，來強化客戶與品牌的溝通

經穩定的前提下，我可以用更多的資源去經營教學部業務，讓資深的美容師轉職當講師等。」小菲老師認為，經營效益如滾石不生苔，品牌一旦停止成長，風險就會隨之而來。

在創業前期與中期，小菲老師致力於建構技術與教學系統、培育人才，而近年來，則是致力打造一個低調奢華、又能充分體現菲堤品牌精神的服務空間。

「研發保養品講究科學效果，而在現場服務端，除了效果，也要帶給客人無以匹敵的儀式感，讓他們想要不斷地再訪。我永遠都在想，還有沒有提升的空間，而思考過後都會發現，還有些地方可以做得更好。」2004 年的小菲老師，為了想要改變美業的生態而決定創業，直到現在，主打「不推銷」的美容沙龍，在市面上櫛比鱗次，當初創業的初心是否已經實現？答案不言自明。

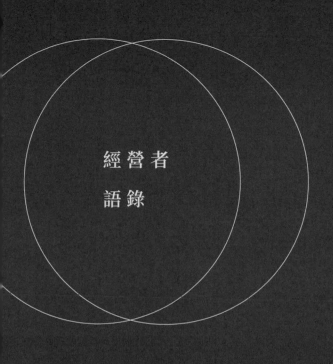

經 營 者
語 錄

"

創業過程中難免會受傷，
雖然過程很痛苦，
但只要願意細嚼慢嚥，
那將會是你的養分，
結痂脫落後的傷口，
總是會更強壯。

菲堤舒療美顏
Feity Beauty Salon

公司地址
台南市南區聖南街 17 號 (本館)
台南市南區金華路二段 203 號 (總部)

聯絡電話
06 265 0732

Facebook
菲堤舒療美顏

Instagram
@feity.salon

官方網站
 http://feity.pixnet.net/blog

Line
 @vlc0121h

SKIN BONBON

SKIN BONBON

美・時光

美。時光

在時光流轉中，體驗沉浸式的美麗饗宴

SKIN BONBON 美。時光 (以下簡稱 SKIN BONBON) 品牌名稱中的「BONBON」，在法文中是糖果的意思，創辦人 Sharon 在桃園藝文特區悉心打造了一個以美感、細膩思維與人本主義為前提的沙龍空間，將自己經年累月對美學及人才培育的經驗與思考，都灌注在這個空間，希望讓客戶在這裡體驗各種驚喜帶來的甜美。

來到這裡，您可以盡情駐足欣賞各種做工精細的歐洲老件，與設計師精心打造的傢飾及氛圍，專業的美容師提供客製化的保養方案，使用來自歐洲、美國及台灣的頂級保養品牌，讓您盡情地享受 SKIN BONBON 所提供的美感饗宴。

SKIN BONBON

每一瞬間的呼吸，都能享受到豐盛與甜美

「我在十五年前創立了以跨國人才就業與培訓為核心業務的灃禾集團，公司總部座落在桃園藝文特區週邊，這個區域進駐了許多豪宅社區，高級餐廳、瑜珈會館、醫美診所，美容店家也非常多，觀察了許久，我認為這裡的高消費力人群，在等待的，就是一個像 SKIN BONBON 這樣的空間。」Sharon 表示，桃園藝文特區的客群不但消費力強大，鑑賞力也非同一般，「美容業者要進駐這個區域，並成功吸引客群，不僅要拿出卓越的技術，更要能提供頂級的服務體驗，而我們希望能把體驗的層級標準再往上提升。SKIN BONBON 提供的是一個具有美學深度的空間，以及客製化的『亞健康照護計畫』，包括臉部、頭皮、髮質、身體到內在身心狀態，都在這個照護計畫的範圍內。」

她進一步說明，一般人所熟悉的日常保養程序，大多是在皮膚表層擦上保養品，但其實沒有任何一個保養品成分，會比維持自己體內的健康平衡還要有效。「SKIN BONBON 為客戶打造的臉部保養護理、健康頭皮養護、芳療紓壓護理課程，透過專業技術、悉心設計的服務流程、頂級產品及客戶所感受到、接觸到的各種美的元素，將會融合成一種能夠釋放身心、卸下所有壓力的體驗過程。如同我們 logo 的圓形圖案，蘊含著圓滿、完美的含義，上下方環繞客戶的一雙手，則是象徵 SKIN BONBON 運用專業的技術與全方位照護思維，來成就這份圓滿。」

Sharon 指出：「身為一個創業多年的商務人士，也是兩個孩子的媽媽，一睜開眼就要面對大大小小的壓力，而 SKIN BONBON 是我親手打造、實現我內心長久嚮往的紓壓空間，相信桃園藝文特區的消費者們，也能在這裡，體驗到最完整而細膩的服務品質。」

圖｜一進入 SKIN BONBON，放眼所及都是質感細膩的傢飾與歐洲老件，創辦人 Sharon 希望將自己對於美學的想法與思考，徹底落實在這個空間當中，也能與大家分享

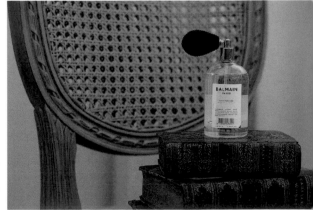

不同於一般美容沙龍或市區商家，講求利潤與坪效的高度相關性，在五十多坪的空間內，Sharon 奢侈地將其中一半的空間劃為讓客戶等候、享用餐點及休憩的公共區域。「不管是提早前來、或服務中間的空檔等候、亦或是療程結束後休息用餐，客人都能在這裡盡情地消磨時光，欣賞各種骨董老件，享受這裡的寧靜和美好。」

　　此外，這個空間也提供給 VIP 貴賓客戶舉辦私人活動，「例如品牌發表、沙龍音樂會、藝文講座或私人派對等，我們都能提供客製化的活動建議。」Sharon 指出，所謂的深度體驗，不僅在於服務的極致，也在於 SKIN BONBON 的空間，除了作為美容沙龍，還蘊藏了更寬廣的可能性：「可以是私人招待所、品牌發表空間、收藏博物館，甚至是一個展演空間。」

圖 |
來到 SKIN BONBON 的客人，可以在大地色系的寬敞空間中享受專業的服務與精心準備的茶食，度過閒適時光

圖｜來到 SKIN BONBON 就像走入時光隧道，在精緻老件的包圍之下，時光彷彿凝結在最幸福的瞬間

左上圖｜
生活美感一直是 SKIN BONBON 很在意的環節，就像這些鐵製骨董 Boston 削鉛筆機，是 1960 年代的日常必備品，從剛學寫字的小學生、精打細算的上班族、到每天讀報解字謎的老先生，每個人都需要一台屬於自己的削鉛筆機。在日常生活中，體驗美好的設計並在實際使用當中，不斷重複確立和提升物件的品質與效率

右上圖｜
左邊金色的是 1906 年生產的 Dayton 糖果秤，右邊的則是 1970 年代由荷蘭品牌 Berkel 生產的廚房用秤，經過了這些年，在電子秤出現之前，廚房秤、或稱為食物秤的形狀，沒有太多的改變。直到今日，復古指針式的顯示方式，還是有著迷人的魅力

左下圖｜
這座美國 The National Cash Register Company 於西元 1910 年左右生產的黃銅材質收銀機，在骨董市場中，可是收藏家們趨之若鶩的寶貝。既是人類商業文明史上的重要發明，也兼具了工匠的精妙手藝、及懷抱遠大夢想的美國精神，再搭配百年不變的黃銅浪漫雕花與手感木頭基座的劃時代作品，完全滿足了收藏家的視覺及人文體驗。更不用說打開收銀機那瞬間，從機身內傳出來的清脆鈴聲帶來的聽覺愉悅，SKIN BONBON 想要帶給走進這個空間的顧客，同樣美好的感受體驗

右下圖｜
來自丹麥的老秤，以陶瓷材質和鑄鐵混搭，斑駁的漆面和龜裂的秤身，沒有影響它本身的耐用性，反而加添了老件特有的故事性。的確，優雅又精準，就像 SKIN BONBON 面對顧客時的責任使命，在浪漫美麗的表象下，同時存在著理性又有執行力的功效

以多年的人才培訓經驗為基底，
打造頂級的服務體驗

「我三十一歲所創立的灃禾集團，主要業務為跨國人才就業、培訓及企業管理顧問諮詢，SKIN BONBON 是我創業以來所打造的第二個美業品牌，也是第一個美業品牌 B.S.M Beauty 的延伸。」

Sharon 表示，國際移工向來是台灣各產業的重要戰力，灃禾集團也在跨國人力資源管理這個領域，深耕了十多年，「移工為了經濟因素來台灣工作存錢，當他們服務年限期滿，也存到一筆資金時，許多人會選擇回到母國創業，而美容業是最快實現個人創業的一個起點，不需要非常大的空間或多人團隊，只要習得技術，一個人也能創業。」她指出，因為想建立一套完善的機制流程，讓移工能夠成功打造自己的美業品牌，灃禾集團除了提供法規、技術等各種輔導資源，也成為優質產品的供應商。「於是我們在 2018 年底籌設美業部門，部門的成員，融合了各國籍的同事，加上我自己，不但從頭開始學習美業技術，也出差到各國去考察及探詢產業技術、產學合作等各種美業的管理及產業供應鏈環節。」

　　2019 年，集團正式成立了美業技術輔導部門，短短幾年間，Sharon 不但考取了國家美容乙級技術士、整復推拿乙級技術士及取得國際芳療師證照，更跑遍了韓國、廣州、長沙、上海等地進行考察，「我發現 2016 年開始，韓式皮膚管理在亞洲各地極為風行，除了技術觀摩，我還想知道這個產業鏈是怎麼建立起來的，例如韓國的業者如何跟美容科系接軌合作、如何建立人才培訓機制等，我甚至去拜訪了專門接待外國人的韓國高級醫美中心，了解他們的技術及商業模式。」

　　Sharon 強調，美業領域的競爭核心就是人才，人才的培育需要兼顧技術、服務心法與美感涵養，而在人力資源領域深耕多年的 Sharon，充分地將「以人為本」的理念，落實在跨國人力資源管理、美業創業輔導及 SKIN BONBON 的品牌核心。「在 Covid-19 疫情開始蔓延後，因為出入境管理規定加嚴，實務上要推展跨國創業輔導不是那麼容易，於是，我便將這幾年所累積的團隊訓練成果、技術資源與服務流程設計，用來打造 SKIN BONBON 這個品牌，也讓團隊的努力，能在一個台灣本地的頂級 spa 空間表現出亮眼的成果。」

圖｜Sharon 帶領著美業技術輔導部門團隊，從受訓、考證照到跨國美業現場考察，希望讓旗下的美業技術輔導品牌 B.S.M Beauty 成功幫助跨國移工創業，過程中也開創了 SKIN BONBON，賦予團隊中的優秀師資人才，參與及實踐頂級美業服務品牌的營運

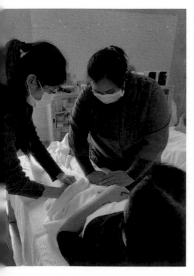
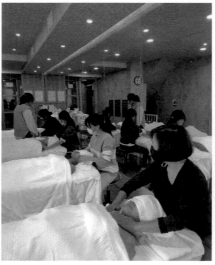

美感的深度及質地，與人才培訓管理息息相關

　　「SKIN BONBON 從空間規劃、美容師招募、養成及培訓、選品採購到店務流程分工，前後花了兩年多的時間，客戶所看到的質感空間、設計元素，體驗到的細膩服務，使用的頂級保養品，這一切的存在，都是因為我們選擇了一條難走卻充滿價值的人才培育之路，透過充分的溝通與訓練過程，所有的環節才能執行到位。這一路上，集團內的同事和周遭的朋友常常覺得我從人力資源管理，跨界到美業品牌營運，十分的跳 tone，但我總是笑著告訴他們，背後的核心理念，其實是一樣的。」

　　「像 SKIN BONBON 進行裝潢之前，只是個空無一物的鋼筋水泥空間，直到我們找到了富含巧思的倆兩空間設計事務所，以及美感獨具的蘊寓傢飾這兩個團隊，加上我的先生是老件骨董的資深收藏家，這裡才蛻變成一個充滿人文浪漫氣息的地方。而在創辦 B.S.M Beauty 與 SKIN BONBON 品牌的過程中，有幸獲得育膚堂創辦人小菲老師，以及 i-so POS 沙龍管理系統創辦人宗翰老師，這兩位美業前輩的指導，才能讓團隊的運作更加順暢，幫助我們克服盲點繼續向前。」Sharon 認為，美業服務跟人力資源管理，都是以人為本的產業，遇上對的人，就是成功的起點，而用對方式幫助人才發光發熱，則是成功的基石。

　　「甚至我們選擇用在客戶身上的產品，也都是親身試用並慎重挑選的。」Sharon 表示，SKIN BONBON 選用的護膚品牌針對幾種常見肌膚狀況包括敏感、乾性、油性、或各式各樣的問題肌等，「例如，小菲老師研發的育膚堂，是特別針對亞洲人肌膚特質打造的保養品，幫助皮膚回到油水平衡的狀態；而擁有近 50 年歷史的義大利品牌 VAGHEGGI，當中的頂級紫鑽系列則是熟齡肌的最佳解答，此外 VAGHEGGI 也是我們主要使用的芳療品牌，不同成分的按摩油及精油，可以發揮調節及鎮定紓緩身心等各種成效。而以天然植萃與海洋成份見長的 IDG，則是在深層清潔及天然去角質方面，獲得很好的評價；瑞士品牌 ananné 則是來自神經病學、免疫學和整體醫學的執業

醫生及學者－ Prof. Dr. med.
Urs Pohlman 博士所研發，以
保養油著名的高端保養品牌。」
不同的肌膚狀況，交由擁有不
同強項的品牌來對應，是 SKIN
BONBON 的堅持。

　而在頭皮與髮質養護方面，
SKIN BONBON 通過覺亞技術考
核認證，獲頒 AA 級頭皮養護認
證店(AA Level Certification by
juliArt)，店內除了選用 juliArt
品牌中的高端蘊髮系列來做頭
皮養護，另外也加入法國精品
品牌 BALMAIN 的產品及紐約
的 ECRU，為客戶進行髮質修
護及造型服務，Sharon 甚至還
高規格引進了英國頂級造型工
具品牌 ghd；ghd 的造型工具
堪稱為時尚圈美髮界指標，在
SKIN BONBON 享受著國際名
模般的專屬造型服務，彷彿一
秒置身巴黎時裝周的後台。

圖｜SKIN BONBON 通過覺亞技術考
核，成為 AA 級頭皮養護認證店 (AA
Level Certification by juliArt)

無法用機器取代的人力核心價值

「作為一個資深人力資源管理工作者，我也常常聽到某某行業即將消失、某某職業以後會被軟體或機器人取代等說法，所以我對於 SKIN BONBON 夥伴的期許，不僅要具備美業相關的學理知識基礎、豐富的臨床服務經驗，還要擁有正向的學習熱忱。」Sharon 表示，品牌旗下的美容師，個個都是老師級的人物，學理基礎跟臨床經驗都非常深厚，但她們仍持續地在接受店務營運管理、行銷策略管理、技術訓練管理等訓練。

「美容師這個工作，不只是個體力活，也是技術活，為了維持員工們繼續學習、成長的動力，SKIN BONBON 的營業時間中，同時段只服務最多五組客人，除了讓美容師能夠不疾不徐地服務好每個環節，也要避免美容師因為過勞，而失去學習新事物的餘裕。」

Sharon 表示：「美容師是技術者，同時也是協助客戶發現問題、解決問題的專案管理師。」因為顧客通常對

於自己原生狀態的掌握，不是那麼的完整，例如，敏感型或肌膚屏障受損的客戶想要美白或期待立即改善肌膚狀況，要靠美容師的專業來解決客戶「想要」跟「需要」之間的落差，而非貿然的推薦酸類保養或其他特殊課程。

「現代人講求速效，常常希望做完一個療程，馬上就能改頭換面，連我們自己在學習操作皮膚管理技術時，心裡也會想著，怎麼花了這麼久的時間還沒看到效果，從自身的學習經驗與同理心，去體會客人的需求，尋求解決問題的方式，這是美容師的專業，也是專案管理的 know-how。我認為美容師職涯所需要的技術，其實非常適合接軌到商業管理的領域，但前提是要有時間、心力去學習。」

Sharon 表示，許多美業從業人員長時間在高速、高壓的環境下工作，連好好坐下來讀完一本書的時間也沒有，遑論學習新領域。「而我們對於人才的規劃培育，也包括了讓美容技術者，能夠慢慢轉型成經營管理人才的考量，不希望她們成為拼命衝客單量、翻床率的美容師，過度耗損自己的體力精神。在培訓的過程中，我們也會評估未來適合展店開拓的人才，如此一來，員工們也不需擔心體力、眼力衰退以及年紀漸長後，自己就會失業，而是能妥善運用在職所受的各種訓練，在每一個階段持續閃閃發光。」Sharon 補充說明：「不間斷的學習熱忱與能力，能把一個人帶往無限寬廣的舞台。」

在人力資源領域待了二十年，除了創辦灃禾集團經營跨國人才就業及輔導，Sharon 也創立了全方位就業技術培訓協會（紅人學院），提供各樣的在職進修課程，為職場人士開拓更寬廣的職涯之路。

「從人資管理與教育訓練、到自己創業從事跨國人力資源及企業顧問服務、接著創立了美業品牌 B.S.M Beauty 與 SKIN BONBON、期間還創辦了全方位就業技術培訓協會，我最常被問到的就是，『妳斜槓做那麼多事情，怎麼忙得過來？不累嗎？』我覺得從頭到尾，我都在做自己最熱愛的人才發展工作，在這個大分類底下，能斜槓遊走在不同產業，以及將所學運用實現在跨領域之間，對我而言就是調劑跟休息。」Sharon 笑著說。

「我認為，人才發展及培育這個領域，是趨勢與需求所在，也是難以被機器或軟體取代的專業。」隨著台灣社會進入少子化，人口結構改變，未來各行各業必需應對的挑戰，就是人力短缺。「不管是本地人才培訓，或是跨國人才招募管理，都會是極具發展潛力的專業領域。直到現在，我很慶幸當初畢業後選擇投入人力資源領域的工作，而且能運用自己的理念專業，催生這個行業的各種可能與變革。」

　　Sharon 指出，一般人對跨國人力的產業環境認識不多，加上出國工作的移工，大部分處於經濟相對弱勢的前提之下，如果業者的經營方式以利潤為第一考量，被犧牲的不是企業主的雇用品質就是勞工權益。「創辦澧禾集團的時候，正逢充滿理想和衝勁的年紀，覺得不管怎樣就放手一搏試試看，看能不能改變產業的現況，讓機制變得更友善，需要勞動力的企業也能找到最適合的人才，到了今天，看到當初播下的種子，逐漸發芽茁壯，越長越茂密，心中的感動是很難形容的。」

　　直到如今，創業之初所寫下的「開創人才服務新價值」這句話，除了是當時對自己和企業的期許之外，現在更成為集團中各項業務開展的精神基石及價值所在。擅長協助企業建立各樣機制流程，並幫助各行各業的人才，規劃找到自己的職涯發展之路，Sharon 的忙碌，並沒有停止她對知識的追求及學習的渴望。2022 年底，她還完成並取得了美國西密西根大學的 MBA 學位。

　　「創業多年，我所累積的實務經驗，當然有它的價值所在。但是，我還希望從國際頂尖管理學院的視角，向擁有世界觀的教授學習，期待我的思考被更多的激發，同時檢視我的創業歷程，探索在公司的發展與商業模式管理上，還能夠創造什麼樣的可能性和未來競爭力。」Sharon 強調：「能斜槓遊走在這麼多身分之間，我一直都鼓勵大家，要持續學習，學習力絕對是職場競爭力的加速器，而我作為品牌的經營者、帶領團隊的人，以及一個媽媽的角色，我認為，我能夠累積、學習的各種技能與思維，也還有無限大的可能。」

圖｜SKIN BONBON 團隊花了兩年多時間，透過產品試用部隊實際體驗、紀錄及回饋，用系統化的方式來比對各種產品的效果，在淘汰了無數個選項後，才整合出現今應用在各服務項目中，最優質的護膚、護髮及芳療品牌組合

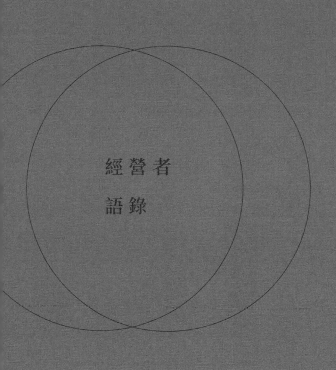

經營者
語錄

"

創業過程中每一次遇見的失敗，
都含著邁向成功的訊息。
真正的創業者
「憑信心，不憑眼見」。

SKIN BONBON
美。時光

公司地址
桃園市桃園區大興西路一段 218 號 3 樓

聯絡電話
03 358 9809

官方網站
https://www.skinbonbon.com.tw/

Instagram

SKIN_BONBON_

Line

HEIDI MEI MEI

黑蒂美美

Heidi
mei mei

黑蒂美美

沒有奇蹟只有累積，黑蒂美美的創業旅程

人們常說人生最大的幸福就是做自己喜歡的事，並把它變成一項成功的事業，但若想從事美業，單單只有「喜歡」就足夠嗎？想要在美容業走得長久，必需有恆溫的熱情，才能在遇到困難、瓶頸時，持續保持正面能量，給予顧客熱情與溫暖。

從事美業逾十三年、「黑蒂美美」創辦人傅逸馨（黑蒂 Hedy），在追逐美的路上，總是堅持不退、越挫越勇，沒有任何事能阻擾她變美的決心，儘管她稱自己是「全台灣皮膚最差的美容師」，但也因為曾飽受痘痘之苦，讓她從小便開始鑽研各種美容之道，並在出社會後，將自己對美容的興趣，轉化為服務顧客的熱情，幫助許多有肌膚問題的人看見一道曙光。

Heidi mei mei mei

根除痘痘的決心，
久病成良醫的美容戰士

　　許多人見過 Hedy 的臉蛋，往往不相信她也曾受過痘痘之苦。從國小開始，Hedy 就迎來痘痘這個不速之客，痘痘除了長在臉上，她的頭皮、脖子、前胸、後背和臀部也無一幸免。Hedy 說：「為了解決痘痘問題，我嘗試過皮膚科各種藥物：抗生素、類固醇、杜鵑花酸，甚至 A 酸也吃了七年，你想得到的各種偏方、中藥、苦瓜錠、保肝藥，通通來者不拒。」

　　全台各地的皮膚名醫，她一一去掛號，當時流行的各種雷射和醫美手段，再痛她也願意忍耐，因為太愛美、也太想變美，Hedy 大學畢業後，索性開始接觸美容產業，從頭開始學習美容技術和正規的護膚保養觀念，在美容沙龍擔任行政助理期間，舉凡美容、美睫、紋繡、除毛等技術，她都興致勃勃地學習。在擔任助理沒多久後，也因為精通美容的各項知識與技術，Hedy 正式成為一名專業的美容師。

　　在毫無間斷地學習與摸索下，檢視自己的日常飲食、生活習慣與保養細節，並定期做臉，Hedy 終於一掃痘痘問題的陰霾，她健康的肌膚狀態為許多同有痘痘問題的人帶來信心，相信自己終有一天也能如同 Hedy，戰勝問題肌。

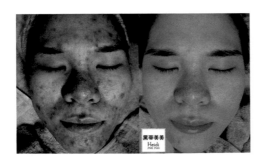

圖｜Hedy 精緻且亮麗的外型讓許多人不相信她也曾受痘痘之苦

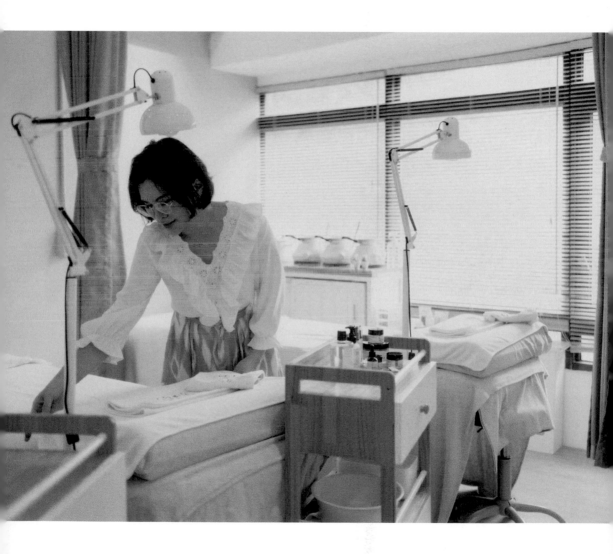

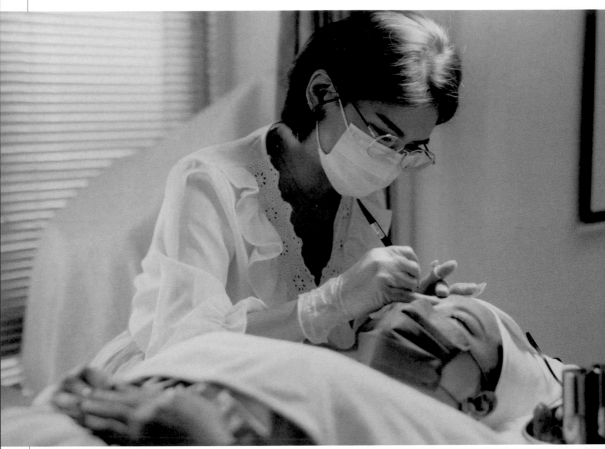

專業清粉刺教學

擔任講師與評審，拓展開闊的國際視野

「美容護膚」對 Hedy 而言，不只是一門技術，更像是美感藝術與美容技能的結合體，她將「美容」當作一門人體藝術，美容師猶如藝術家，需要在揮灑、創作的過程中，不停地鑽研嘗試、改變進化。 她在美容沙龍擔任美容師期間，努力提升技術，要求自己每一次為顧客服務時，都要為顧客呈現宛如藝術的美感。因為不斷追求進步，很快地，她就從行政助理晉升到管理職，並且開始到韓國、廣州、北京、香港、成都、泉州等地，擔任教學講師與國際評審。

Hedy 目前擔任「韓國 IFBC 國際美容聯合會」副會長、「義大利 SKINS 溫熱蠟」台灣區品牌講師。因為在美業不懈地耕耘，Hedy 擁有「英國 CIP 國際職業認證管理協會」評審委員及「韓國 IFBC 國際美容藝術大賽」國際評審的資格；他同時也是書籍《電眼美睫聖經 II 》、《新式紋繡美容魔法書》、《電眼美睫魔法書－黃金增修版 》的監製人及顧問。

因緣際會下曾經與各國教學機構接觸合作，她一度成為空中飛人，頻繁地在世界各地旅行出差。她表示，因為有機會在各個國家擔任教學老師、評審，讓她的視野變得更加開闊，但也發現「人外有人，天外有天」，反而因此變得更為謙卑。「我在不同的國家中學到很多，在韓國，我發現他們的紋繡做得非常乾淨；日本則是在做任何服務時，每一項 SOP 標準作業流程完全不會馬虎、非常細膩；至於中國，我看見學生對於學習美容有巨大的渴望、狼一般的野心，我真的相當佩服他們，願意搭乘好幾天的火車，千里迢迢到其他城市學習的決心。」Hedy 表示。

圖上｜
Hedy 集結過往工作、進修和教學等經驗，淬鍊出一套兼具理論與實務的教學方式
圖下｜ Hedy 總是樂於將自己多年的經驗系統性地傳授給學生

十年的美容經驗積累，奠定創業的基礎

2018 年 5 月，Hedy 離開了工作十年的美容沙龍店，並於 2019 年 7 月開始創業。創業時，她沒有帶走前公司的任何資源、學生與顧客，相信只要憑藉努力積累的技術，絕對能有一番成就。她回憶，過去在美容沙龍工作時，都有推銷產品和課程的業績壓力，因此創業後在擬定消費策略時，決定以「單堂消費、不包課程、不儲金額」的方式為主。

這項策略在美容護膚產業相當罕見，一直以來，美業盛行以銷售儲值卡、課程券、套票等方式，鼓勵顧客消費，這種方式雖能為店家帶來收益，有時卻會讓顧客感到壓力，或是衝動購買課程儲值後，後悔不已的狀況。此外，這種消費方式也會讓美容師產生安逸心態，當顧客購買 20 堂課程後，有些美容師只會在課程初期和尾聲，投注百分百的心力服務顧客，服務態度會變得較為鬆懈。

「會規劃出這種不同於其他店家的消費方式，是換位思考的結果，過去因為自己皮膚不好，常常都會遇到熱情推銷而倍感壓力，因此我希望顧客在黑蒂美美，不要再因為店家的銷售方式而承受這種壓力。」Hedy 補充，黑蒂美美的店址周圍並不特別熱鬧，從捷運站出來後，需要步行約八分鐘，店面隱藏在社區大樓裡，加上不同於其他店家的消費方式，開店初期，Hedy 也曾經如大多數的創業者，為經營業績感到擔憂，但 Hedy 仍相信，憑藉「真正的技術與實力」絕對有機會留住客戶。

果不其然，創業沒多久 Hedy 就迎來成功，許多學生和上班族都因為這種消費方式，感到相當舒服而願意嘗試消費，最後也真的因為 Hedy 的實力，成了忠實顧客。

Hedy 設計的消費方式形成一個良善的循環，它不僅讓顧客有更好的消費感受，同時也督促黑蒂美美維持服務品質。「我們相當清楚客戶只有做單堂消費，若是自己沒有用盡全力服務、服務品質下降時，顧客很有可能就再也不會前來消費，因此每一次服務我們總是傾注全力。」Hedy 補充。

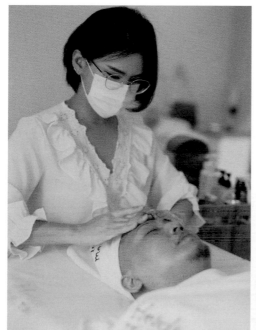
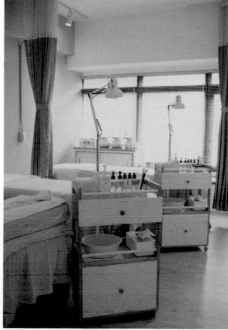

圖｜舒適的環境和專業的技術讓黑蒂美美在短時間內就獲得許多忠實顧客的支持

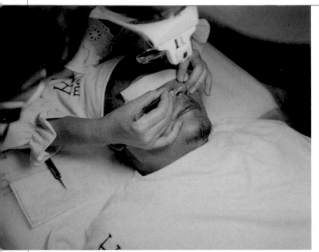

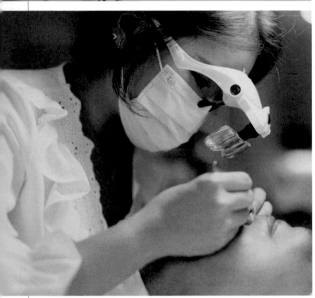

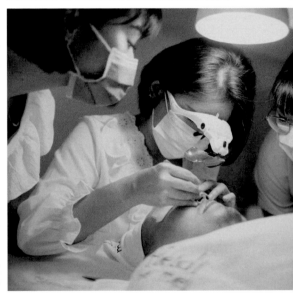

圖左｜無痛非侵入性清粉刺技術需要多年
經驗積累

圖右｜Hedy 的獨家清粉刺技術能以最快
的方式退紅，當天就能立刻出門

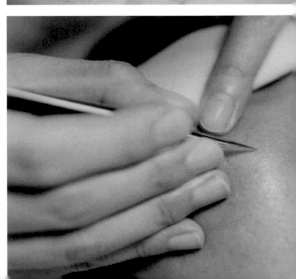

招牌項目：無痛非侵入性清除粉刺和痘痘

隨著美容項目愈來愈多元化，在變美的道路上，各種醫學美容與儀器不停推陳出新，消費者也比過往有了更多選擇，但是這些琳瑯滿目的儀器，真的能完全取代手工清除粉刺、痘痘嗎？不少專業美容師一致認為，粉刺和痘痘仍需仰賴手工挑除，不太可能透過儀器處理後就消失了，尤其許多痘痘在表面上看似已經變得平滑，底下卻仍是暗潮洶湧，需要藉由手工清除，才能將麻煩連根拔除。

在黑蒂美美，清除粉刺、痘痘可說是招牌項目，許多顧客嘗試過後，都紛紛介紹親友體驗。Hedy 清除痘痘和粉刺有三項特色：第一，不需要經過按摩、舒壓和蒸臉的過程，直接手工將粉刺完整的一顆一顆清出來；再者，因為過程中沒有任何侵入性儀器，即使是孕婦媽咪也能安心享受，在孕期中，仍能維持晶瑩剔透的肌膚狀況；第三，許多人擔心清完痘痘後，會需要一段修復期才能參加重要場合，但在黑蒂美美，Hedy 有獨家的處理方式，能以最快的方式退紅，當天做完就能立刻出門。

因為 Hedy 有著鷹眼般的銳利雙眼、一次到位的功力，許多顧客都給予相當高的評價，顧客唐小姐表示，自己一直有清粉刺會很痛的刻板印象，但在 Hedy 輕柔的手法下，讓她在過程中還不小心睡著，清完後，發現自己臉上原本粉刺相當猖狂的部位，完全被夷為平地。

曾經，痘痘是 Hedy 難以擺脫的惡夢，但現在黑蒂美美獲得許多客戶的正面評價，這讓 Hedy 發現，痘痘或許是個祝福，因為自己太想要解決肌膚問題，所有的摸索、學習都成為她擔任專業美容師的養分，她比任何美容師都更了解如何處理痘痘問題，也更能同理顧客的情緒，以耐心陪伴顧客邁向康復。「所有經歷過的痛苦都不會白費，沒有過去這段經歷，我就不會變得更強大，我相當感謝過去的一切。」

陪伴員工在美業的路上，培養工作熱忱與成就感

　　有人說美容護膚產業分成「美容工」與「美容師」，「美容工」會按照標準程序為顧客服務，但缺乏深度了解顧客的能力，因此即使有穩定的客源與收入，也很容易在日新月異的環境中被取代。「美容師」則能了解顧客真正的需求，並給出專業建議與服務，顧客會更容易對美容師產生信任與依賴感，也會讓美容師的「成就感」油然而生，成為美容師保持工作熱情的原因之一。

　　過去 Hedy 在美容沙龍從事管理職時，底下有十幾個部屬，讓她獲得不少領導管理的經驗，在帶領黑蒂美美員工時，她相當重視員工是否具有工作動力和成就感。「我會依照不同人的喜好與個性，給予他們想要的，例如一個員工特別喜歡教學，未來想要擔任美容講師，我就會根據她的喜好，為她設計成為優秀講師的任務，讓她能在工作過程中，一點一滴的進步。」Hedy 不僅教授員工美容手法，更會帶領他們規劃自己職涯的短期、中期和長期計劃，每年陪伴員工檢視目標是否有達成，從中幫助他們在美業工作中，仍能不忘初衷，保持對工作的熱忱。

圖｜不僅有專業美容技術，Hedy 也相當擅長領導管理

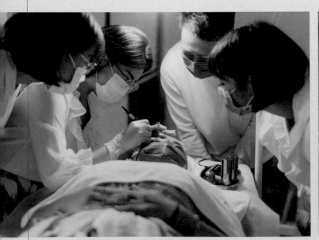

　　另外，Hedy 在管理員工的過程中，也會不停地鼓勵員工思考，培養員工解決問題的思維能力。有一次，一個顧客提出自己有接睫毛的需求，當天接完後，女孩覺得自己不太適應，因此告訴美睫師，自己並沒有滿意，但美睫師仍告訴女孩，她認為接起來很美，也很適合這名顧客。隔天關心這個女孩，想了解接完睫毛後是否有任何狀況，女孩再度提出自己不太適應，想要將接的睫毛卸除，Hedy 便與美睫師重新檢視這項服務流程。美睫師告訴 Hedy，其實這個女孩一開始在諮詢時就說，她希望能接自然型的睫毛，但美睫師因為比較喜歡長一點的款式，也認為這個款式很適合女孩，因此仍幫女孩接上較長的睫毛，或許是因為這個原因，女孩感到不適應。

　　當顧客不滿意服務時，Hedy 便請美睫師思考，如果以後再碰到類似的情形，能做出什麼調整；再者，是否還有其他作法，能讓這名顧客的服務體驗提升。很快地，美睫師便回覆 Hedy，她建議可以先進幾款較短、咖啡色的睫毛，再邀請女孩回訪，為女孩接上她當初偏好的自然風格，並在女孩同意後拍攝成品、放在社群媒體宣傳。「帶領員工重要的關鍵是，『培養員工解決問題的能力，並且引導他們思考』，以這個美睫的案例，領導者不能只是讓員工將顧客的睫毛卸除，而忽略問題的根本，我們應該引導員工提出有效的解決方案。」Hedy 表示。

圖｜誠實且透明地對待顧客是 Hedy 重要的服務心法

透明、誠實與互相尊重的消費關係

嚴格來說顧客與美容護膚店家應該屬於對等關係，一方因為喜歡產品和服務而消費，另一方藉由提供商品和服務而獲取收入，但在美容護膚業，「顧客至上」可說是服務宗旨，顧客往往會以自己是客戶為理由，認為既然消費了，店家就該配合自己所有的需求。

Hedy 表示，不是所有的顧客，都是適合自己的顧客，有時要有所取捨，店家也必需教育消費者，與顧客有良好的溝通。以守時而言，有些顧客會因為自己的方便，而延後約定好的服務時間，許多店家往往也會忍讓顧客的遲到，但 Hedy 相當重視顧客是否準時。「過去只要顧客遲到一分鐘，我就會請顧客直接回家，下次再預約了，因為美容師和顧客必須要相互尊重，我要求我們的美容師絕對要準時，同時，我們也期待顧客能重視我們的專業與時間。」Hedy 嚴肅地說。

此外，Hedy 認為美容師必須要與顧客有透明的溝通，了解顧客對每項服務的期待，並讓他們清楚知道這項服務能達到的效果。曾經，Hedy 有一名客戶皮膚有著嚴重的痘痘問題，她長期吃抗生素和 A 酸等藥物，卻仍有相當嚴重的痘痘，這名顧客因為求好心切，會一個月消費二至三次，Hedy 了解顧客的期望後，發現顧客期待自己的肌膚能在很短的時間內，就變成如女明星吹彈可破的無瑕肌膚。

幾次溝通下，Hedy 建議顧客，皮膚問題不能和別人比較，基於顧客的期待，或許也能多多嘗試其他治療方法，Hedy 表示：「我不會像其他的美容師，只因為想留住客人，而給他們不切實際的期望，我認為，美容師有義務以專業的角度，讓顧客了解皮膚改善的進程以及服務能達成的效果。」

迎接疫情挑戰，正面態度將逆境轉為勝境

　　2021 年 5 月台灣新冠肺炎疫情變得更加嚴峻，全台進入三級警戒，直到 7 月下旬才正式解封，長達兩個多月的封鎖期，使得內需消費備受限制，餐飲業、零售業、美容美體業首當其衝，許多店家熬不過壓力只好黯然熄燈，3700 餘家小型企業倒閉，高達 4 萬人放無薪假，也讓台灣經濟陷入前所未有的慘況。

　　在那段三級警戒的防疫時期，Hedy 一度相當徬徨，解封時間不停地被延後，但工作卻無法就此停擺，她天天思考著該如何將逆境轉為勝境。Hedy 表示，當時很慶幸，員工們非常給力，儘管店裡無法提供服務，但員工很快即時應變，她們透過社群媒體直播，分享保養技巧、教導生活穿搭，並且將 Hedy 和妹妹 Apple 聯手打造的保養品牌「HEIPLE 漂果」，推廣給更多人知道。

　　曾一度陷入徬徨情緒中的 Hedy，因為過去總是培養越挫越勇的態度，很快地，她就以更正面的角度迎接疫情帶來的挑戰。黑蒂美美不僅從實體跨足線上，Hedy 也開始利用這段較不忙碌的日子幫員工上課、教員工影片剪輯，並設計「功課」，請員工集思廣益，思考如何在防疫時期提升品牌知名度。「當時我們就這樣且走且看，很慶幸到了 7、8 月解封後，員工不僅學到更多技能，客人也逐漸回流，營運狀況更回到疫情前的成績。」Hedy 表示。

圖左｜Hedy 和妹妹聯手打造保養品牌「HEIPLE 漂果」，幫助消費者能在居家保養時做得更加到位
圖右｜「HEIPLE 漂果」成分內容嚴格精選，皆為台灣 GMP 合格廠商製造

美容業初心者該如何踏出第一步

Hedy 認為無論是創業或是美業初心者，學習做出正確的選擇比努力更重要，若選擇錯誤的道路，即使再努力也不會有好的成果，尤其美容師入行時，選擇老師更是重要，因為在眾多的美容方法中，學生必須藉由老師的指引，才能找到自己有熱情的項目，以及未來想要深耕的場域。

有時候，學生在美容補習班結業後，因為沒有好的老師引導，也就成了名副其實的「美容孤兒」，他們不知道該如何做出市場定位、定價服務、規劃行銷模式以及服務流程，因此原本滿心熱血希望能就此創業的學生，最後，也只能打消念頭，再度回到原本擅長的領域。

Hedy 教學時除了教授技術，更會將自己十多年的經營心法，毫無保留地傳授給學員。例如，許多學生創業初期，不知道如何定價，Hedy 相當了解消費者的心態，便會建議學員，初期若想累積顧客，可以先透過網路做簡易的市場調查，找出所在區域的行情作為定價基準，再稍微下修價格，並規劃促銷活動作為消費誘因，但要注意的是，必須讓顧客了解，這只是初期的促銷價格，以免之後調升回理想價格時，顧客產生抗拒的心理。

Hedy 強調：「當你是學生時，選對老師非常重要；當你是經營者，則要選擇對的經營方向，不停地觀察市場趨勢，發掘自己擅長與喜愛的服務項目，將強項做到極致，才有可能在美業闖出一番成績且永續經營。」很多美容師創業之初，因為沒有好好思考評估開店的形式與商業模式，也不了解自己的現況與資源，因而浪費不少時間、金錢，因此創業者若能在初期諮詢有經驗的美業顧問並得到協助，將能達到事半功倍的效果。

圖｜Hedy 教學時除了教授技術，更將自己十多年的經營心法，毫無保留地傳授給學員

習得技術後，
應直接創業
還是先去店家實習

現在的社會，人們比過去更願意在「美麗」投資時間和金錢，加上網際網路的發達，美容資訊普及化、市場提供消費者更多的選擇，在這樣的良性刺激下，美業的產值不斷提高，成為民生經濟中不可或缺的一環，因此也吸引不少女性投入其中。

許多學員在美容補習班學習後，儘管想要創業，卻也擔心個人工作室若沒有品牌加持，很難開發客源，即使可運用網路行銷，但大部分還是要靠實務體驗後的口碑行銷，業績才可能有明顯成長，許多學員相當徬徨：「學習技術後，究竟該先去美容沙龍工作，還是放手一博，成立自己的品牌呢？」

對於這個問題，Hedy 沒有絕對的答案，以 Hedy 自身經驗來說，她曾經是美容沙龍雇用的美容師，也曾做過行動美容師，現在則是創業者，她認為這三種方式，都帶給自己不同的學習和養分，她建議美容初心者先衡量自己現階段的技術、資源、資金、心態和人生目標等，再從中找出最適合自己的選擇。

Hedy 補充，若想要創業，必需有能勇敢承擔失敗的心態，初期若還不確定方向，平日可以繼續做原本的工作，假日時，再嘗試以美容師的身分兼職、累積經驗。Hedy 有個女學生，平日是間大企業的行政人員，她有感於在行政崗位上，未來一定有比她更年輕貌美的新人進來，意識到自己不可能一輩子都做同樣的工作，因此便找 Hedy 拜師學藝，學成後，女孩仍舊在公司上班，週末時則擔任美容師接案。

這種斜槓工作法能幫助學員在學習技術後，仍有一定的經濟基礎思考自己的職涯方向，並透過接案了解自己是否適合、是否喜歡美容這項工作，放慢腳步，用更多元的角度思考未來。

從學生時期開始，Hedy 就將大部分的時間用在工作上，一直以來全力以赴、毫無保留，這讓她在台灣和國際美業上屢屢闖出佳績，問及未來黑蒂美美會如何發展呢？Hedy 說：「回頭看這一切，能努力打拚是件很好的事情，人生最大的靠山是自己，每個決定都影響著未來，創業路上的風景很美好，我現在只想好好品嚐，期待有一天能為自己寫下成功的定義。」

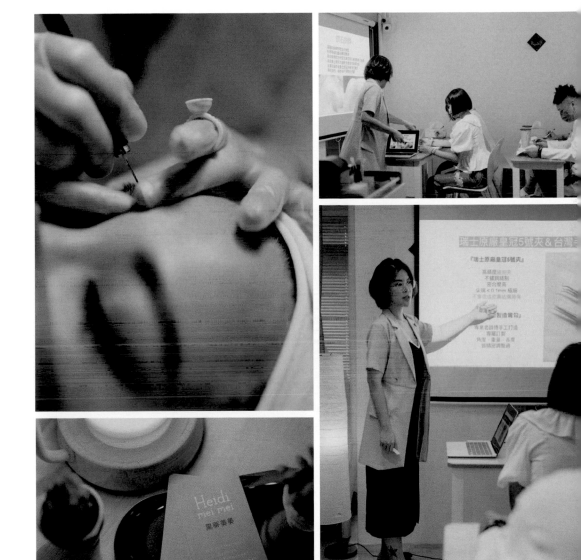

圖左｜對於 Hedy 而言，創業路上的風景很美好，現階段她想要慢下腳步品嚐這一切的點點滴滴
圖右｜Hedy 融合過去的實務經驗和她多年來的教學知識，毫無保留地教授給學員

經 營 者

語 錄

"

一個人沒有經歷過痛苦就不會強大，

沒有經歷過犧牲就不會重生，

這世界上沒有白費的努力，

也不會有碰巧的成功。

不是每個人都能擁有想要的自己，

但我們都可以努力成為自己想要的樣子。

黑蒂美美
Heidi meimei

公司地址
新北市板橋區雙十路二段 37 號 2 樓

聯絡電話
0971 758 857

Facebook
黑蒂美美 Heidi meimei

Instagram
@heidimeimei.tw

PERFECT EVERY 9

PERFECT EVERY 9
完 美 莊 園

完美莊園

不計成本
的
極致追求

Perfect Every 9

天地有大美，儘管時代、文化與
生活不停改變，唯一不變的是，
人們不斷追求美的決心，如果你問
「Perfect Every 9 完美莊園」創
辦人余靜，美是什麼？她會告訴你：
「『美』就是要針對自己的自身形
象、身分位階、職業需要等等所做
出的一個行為，並且需要不斷精
進，培養美的知識，進而養成的一
個習慣。」

大多數人都喜愛美的事物，而余靜
更喜愛的是，幫助人們，在身上找
出美也發現美。

余靜，
一個對於美尋尋覓覓的模特兒

創立完美莊園前，余靜是個模特兒，因為職業的關係，她常常需要到美容沙龍做護膚和體態保養，舉凡稍有名氣的美容店家、網友推薦的個人工作室，或醫美診所附屬的護膚沙龍，都能看到余靜的蹤跡。不只如此，每次出國工作時，她也不會放過任何機會，在忙碌的行程中擠出時間，體驗各國最新、最流行、最有特色的護膚、美體、采耳或紋繡等服務。

砸下大筆金錢、對美尋尋覓覓的余靜，在台灣和各國美容店家兜兜轉轉了一圈後，選擇在 2018 年回到台中，創立完美莊園，創業完全不是一個出於商業利益的決策，更像是余靜對於美容護膚業現狀不滿的回應。「台灣很多知名店家我都曾經消費過，但大多時候我都相當失望，身為顧客我能感受到，一旦購買課程，美容師服務品質就開始大幅下降；有些店家甚至從迎賓接待、服務過程和課程後的保健諮詢，全都以推銷為目的，他們不在乎顧客真正的需求，只是一味地建議顧客繼續購買課程。」余靜對於某些美容沙龍金玉其外敗絮其中的待客方式，漸漸感到灰心。累積各種負面的消費體驗後，她不禁開始思考，有沒有一種美容沙龍能真正理解消費者需求，而且不以業績導向販售產品和課程，單純是為了幫助顧客變得更美更健康，提供高品質服務。

因為這個想法，她走進了自己以為這輩子絕不會從事的美容護膚產業，「我認為台灣的美容護膚產業，長久以來都存在從業人員素養和技術參差不齊的狀況，所以我決定乾脆自己跳下來做。」余靜說。

圖｜ Perfect Every 9 完美莊園創辦人余靜，期望打造一間真正了解消費者需求的頂級沙龍

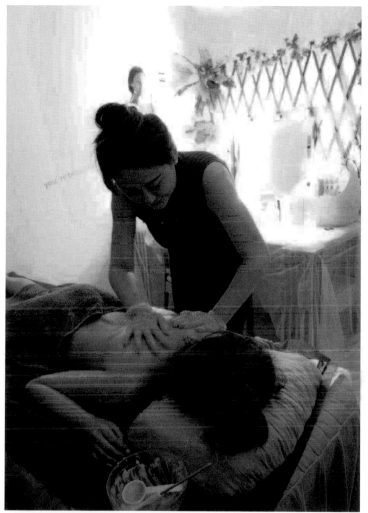

LPG 玩轉智能纖體美容，
女性美出新高度

　　久病成良醫的余靜，在規劃服務項目時，首先從她曾做過的美容服務著手。過去因為擔任模特兒，為了讓體態更勻稱，曾經受過抽脂手術，這讓她的皮膚有些凹凸不平，一次因緣際會下，她接觸了非侵入性的按摩服務 LPG（LIPOMASSAGE by Endermologie），這項服務讓她驚艷不已，LPG 不僅能深層排解體內殘留的手術期組織液，而且按摩部位更準確，痛感也比真人手技按摩更輕，更舒服。

　　對於美，余靜有著無人能比的執著與狂熱，她立刻花費上百萬，引進 LPG 第十代，並且飛去法國進修，得到法國 LPG 原廠的手法，以及台灣代理商教育的正規治療顧問訓練。余靜表示，LPG 能應用在外傷或燒傷所造成的疤痕上，並有減少橘皮組織和改善脂肪分佈的效果，它能組合出多達 300 種按摩方式，因應在不同的症狀，靠著揉滾按摩的原理，加速身體代謝、加強循環、改善水腫，也能用於臉部達到緊緻、拉提的功效。

　　比起其他的護膚美容方法，余靜相信隨著時代的進步，科技保養、科技美容將會是台灣保養的新趨勢，尤其 LPG 具有全球各地科學實證有效報告，證明藉由獨立動力滾輪、變頻動力拍打和負氣壓吸引可消除女性局部多餘脂肪，生成天然膠原蛋白、彈性蛋白和透明質酸，讓皮膚更緊緻。「科技美容保養儀器帶給顧客更為加乘的護膚效果，這也是為什麼我們熱門的服務項目都是偏科技類，未來我們仍會繼續尋找更具智能、科技的瘦身美容服務，提供給消費者。」余靜指出。

圖｜非侵入性的按摩服務 LPG 使用的痛感比真人手技按摩更輕、更舒服

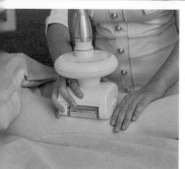

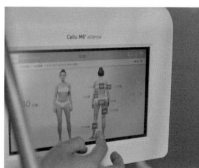

女孩們難以抵擋的嫩白奇肌木乃伊魅力

完美莊園還有一項備受好評的項目「嫩白奇肌木乃伊」，不少人初聞這個駭人名稱，都感到相當好奇。余靜表示，嫩白奇肌是採用巴西人所稱「生命樹之果」的巴西野莓作為主要成分，由於巴西野莓有抗老化、抗氧化效果，敷在全身能有效地讓肌膚重拾彈性與光澤。

嫩白奇肌不只是台灣難見的美容項目，服務流程也能根據顧客需求客製化，消費者預約服務後，美容師會先以專業儀器，檢測顧客當天全身肌膚含水量和肌膚年齡，並為顧客拍照，這能幫助美容師判斷顧客當日的肌膚狀態，缺少哪些營養、有哪些問題，進而客製化調配適合的敷體配方。接著，美容師會將敷膜均勻的敷在顧客身上，並用塑身膜包裹圍繞，使毛細孔舒張吸收巴西野莓的神奇養分，最後將敷膜洗淨，並於整個課程結束後，為顧客做一次全身肌膚含水量和肌膚年齡檢測，以了解操作後的成效。

圖 |
完美莊園的服務深具獨特性，每個顧客都能獲得獨一無二的客製化配方

「有些女生特別在乎臀部暗沉的部位，或是胸前的痘痘問題，我們能依照儀器的數據和顧客的想法，增加保養品的成分，以達到最好的效果。」余靜表示，許多消費者體驗後，看到前後對比照和數據會發現，肌膚不僅看起來更加透亮乾淨，肌膚保水度也從 20% 提升至 70%，而對這項美容技術嘖嘖稱奇。

由於嫩白奇肌所使用的產品和作法相當少見，加上能客製化調整配方，這讓完美莊園的服務更具有市場獨特性，即使其他店家想要模仿也難以做到。坊間許多美容沙龍都會直接將保養品公司規劃的系統和流程，照單全收提供給消費者，不同店家卻使用一模一樣的服務和產品。余靜認為這種做法會有兩種問題，一來是讓消費者沒有新鮮感，二來無法針對消費者的需求，真正提供他們肌膚所需要的成分。「我們的服務項目都是根據我們的創意及顧客肌膚所需來研發，和其他店家常見的服務非常不同，因為我們沒有 SOP，這也是我們能夠吸引消費者的原因之一，每次來都是不一樣的體驗。」余靜說明。

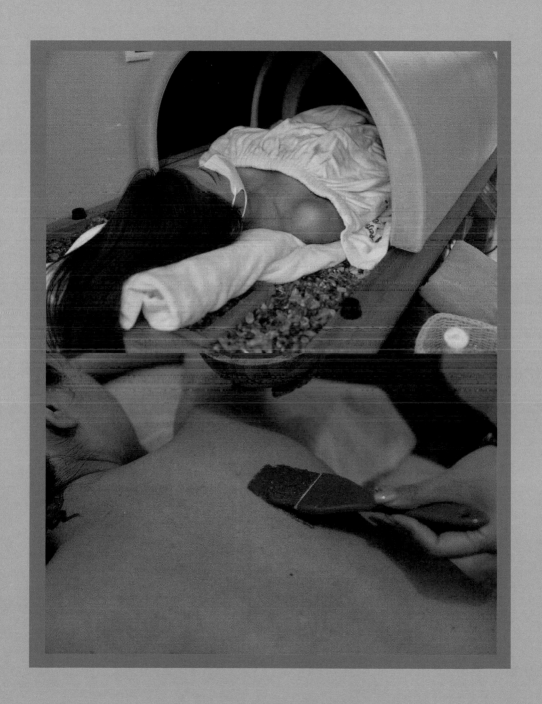

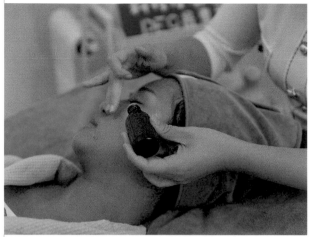

不斷嘗試與學習，
累積腦內資本的重要性

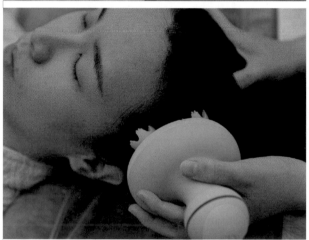

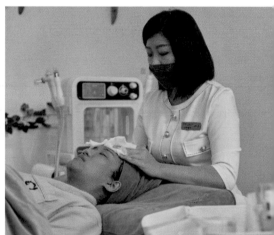

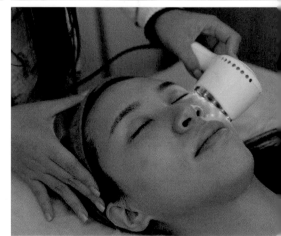

圖｜完美莊園使用頂級專業品牌，並將科技保
養概念導入服務中

　　隨著人們對外在美的要求日益提升，「美」不能只是停留在好看的階段，還要緊跟時尚潮流與科技發展。儘管美業市場相當龐大，人們對美的要求依然持續增加，要滿足顧客千變萬化的需求，同時在競爭白熱化的階段中立於不敗之地，許多美業人員都會利用工作之餘，學習行銷、打廣告的相關課程來吸引顧客，並藉以應用來提升自己的品牌知名度。

　　余靜卻不這樣認為：「想在各領域成為佼佼者，最快的方法是模仿，模仿之後再創新，創新以後再優化，優化以後再進化，才能成為『超級賽亞人』領先於其他人，在這過程中，你必需大量地投資自己，親身試驗每個服務、儀器的成效，做各種研究累積自己的腦內資本，才能支撐你在這個行業走得更穩更久。因此，不要一味上坊間各式各樣的行銷或銷售課程，而是應該花更多時間學習，且去更新更有效的美容護膚知識。畢竟顧客也厭倦了所有花俏的行銷手法，而且很多顧客自己本業也在做行銷或行銷產品的相關服務。」

　　余靜舉例說明，許多頂級的抗老保養品牌，都會在產品中加入「雪絨花萃取」，幫助提升肌膚的抗老化能力，因此她也花了很多心思研究雪絨花，閱讀許多科學報告後，余靜發現雪絨花的萃取物中，含有許多對肌膚有益的重要成分，像是綠原酸、雪絨草酸A、雪絨草酸B等營養成分，其抗氧化能力比維他命C高了三倍以上。她認為雪絨花非常適合加入服務流程中，因此即使雪絨花數量不多、價格昂貴，但她還是想方設法，將雪絨花加進服務中，讓顧客都能享受到這個價值不菲的成分。

　　走在美容趨勢最前端的余靜，總是能讓消費者體驗到更新且更具成效的服務，這讓顧客每次在完美莊園接受服務時，都有源源不絕的驚喜，他們也相當驚訝護膚沙龍會以頂級專業品牌的保養品作為產品。余靜說：「我就是很敢花錢，因為錢是在創業過程中最容易得到的工具，相反的自我成長和覺察反而是最珍貴的，畢竟我身為現代消費者也是相當喜新厭舊，因此我會花很多時間與金錢去尋找更有效的成分，並將科技保養概念導入服務中。」

令顧客念念不忘的幸福的滋味

　　一般而言，顧客為美容護膚店家評分時，都會從美容服務、價格或環境等層面，作為評價的重點，但在完美莊園，許多顧客還一併在餐點上留下不少正面評價。顧客張淑鈴評論：「餐點很養生、好吃，也很精緻、美觀，還會先詢問有沒有不敢吃的食材，非常貼心，根本是貴婦等級的享受！」顧客 Sylvia 也認同完美莊園的餐點，相當用心，宛如以母親深愛女兒的心製作而成的。

　　為什麼顧客會對餐點如此念念不忘呢？原來是余靜過去在美容沙龍消費時，發現許多店家的一個通病，店家會在服務結束後，給顧客高碳水化合物又不營養的食物，例如小蛋糕或餅乾。余靜認為提供高熱量食物給想瘦身美容的顧客，實在非常不合適，因此當她開始創業，規劃菜單時，她便邀請媽媽協助，也因而成立品牌「葛瑞絲手作私宅料理」，在假日時也開放許多賓客來會所內預約用餐。

　　余靜笑說：「我的媽媽是一個非常怕死的人，她認為很多疾病都是病從口入、肥胖的體態也是因為不良的飲食習慣而逐漸養成的，因此葛瑞絲相當重視食安，這也讓她成了完美莊園推出手作健康幸福暖心餐點的不二人選。」

　　「葛瑞絲手作私宅料理」特別申請食品認證標章，並採用在地小農直送食材，以夏天最常吃的小黃瓜來說，完美莊園選用的是屏東社福團體「慈惠善導書院」栽種的小黃瓜，從產地到餐桌，都確保顧客食用到新鮮、無毒的食材，並以配色與營養均衡的九宮格方式，精緻地呈現給顧客。

　　善導書院是由陳文靜女士帶領一群單親媽媽所發起，致力於照顧與教育偏鄉弱勢兒少，他們結合當地小農發展無毒安心蔬果，儘管以價格而言，善導書院的蔬果比一般市場上的貴了許多，但余靜認為企業應該盡到社會責任，才能為社會創造善的循環，「或許我們無法像有錢的企業一樣做得很多，但我們能在自己的能力範圍內，做我們喜歡做的。」余靜表示。

圖｜不僅提供美容服務，完美莊園也相當注重料理的美味與營養

只賣有緣人，不賣一般人的頂級品牌

　　儘管余靜 2018 年才開始從事美容護膚工作，但她將過去從事模特公關活動企劃及過往各種工作經驗，都靈活運用在經營管理上，因此完美莊園從創立至今，已經擁有一群忠實的鐵粉。

　　余靜認為找到一個對的客戶，比找到十個不適合的客戶更重要，她寧可將時間與精力投注在一個願意投資自己、讓自己變得更美更好的顧客身上，而不願將時間放在一個殺價，希望獲得低價的顧客上。余靜說：「我不可能去用低價迎合顧客，若是我答應了殺價，那表示我的員工也只有低價的收入，在這個萬物齊漲的時代，為了我的員工和品牌我必須要做出抉擇。」

　　余靜努力地教育員工：「完美莊園是一個只賣有緣人，不賣一般人的品牌，不需要將自家品牌和其他品牌相比，因為每個品牌都有自己獨特的風格，若是一味比較其他的品牌，絕對無法長久生存。」

　　完美莊園採 VIP 會員制度，曾經余靜也想過是否要拉高顧客人數，但她也擔心若顧客人數增加，可能就會有服務品質下降的問題。「一直以來我都將門開的很窄，因為我認為我們提供的高品質服務，應該留給值得對待的人，這在某種程度上，也成了我們擴展速度較慢的原因之一。」余靜表示。

全台灣最有幸福感的 SPA

儘管完美莊園不像一般連鎖 spa 會館，有大理石材料的豪華前台、設計師規劃的精美裝潢，但完美主義的余靜從服務流程、幸福餐點、全棟使用軟水水質、到店內維持純淨的空氣都相當吹毛求疵，因為余靜從出生就是一個冒鼻涕泡泡的過敏兒，這也讓許多顧客認為完美莊園提供的服務水準、規格比知名連鎖品牌更勝一籌，甚至遠遠高於市場標準。

舉例來說，顧客在完美莊園總能感受到宛如回家的幸福感，他們相當驚訝，為何隔一段時間來消費，美學管理師還能記得自己不起眼的偏好。余靜表示，每次顧客享受美容護膚後，美學管理師會在「莊園聖經」裡頭，紀錄顧客的喜好、聊過的話題，甚至家中寵物的名字、上次看獸醫等細節，這讓顧客和完美莊園建立緊密的關係，也讓顧客每次接受服務時，都像回家般放鬆，沒有任何生疏感。

許多顧客在完美莊園保養後，生活也大有不同，有些顧客原本不是很有自信，也無法肯定自己的工作表現，但或許跟余靜相處久了，看到她做事時的專心致志，也漸漸影響顧客看待人生的方式與態度。「許多顧客在我們這裡不僅變漂亮，工作、交友或家庭各方面，也變得越來越順利，這才是完美莊園想讓顧客接收到的能量。」余靜表示。

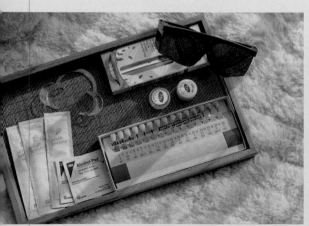
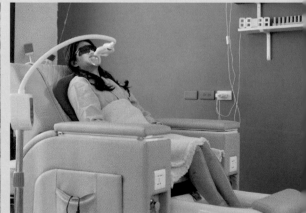

　　在女性的各式各樣美麗面貌中，余靜對能帶給人舒服感的女性情有獨鍾，她說，很多女孩或許不是特別漂亮，但相處後就是讓人感到非常舒服，因此她花了許多心思，不僅希望幫助女孩變美、更是美得令人舒服。很奇妙的是，許多顧客在完美莊園接受服務後，都紛紛告訴余靜，自己原本單身多年，但接受美容護膚後，開始有了男朋友，她們因此戲稱完美莊園是單身終結站。

　　與其說余靜努力地經營生意，不如說她將更多心思和時間投注在客人的體驗與感受上，她努力地讓顧客看見變美的可能性，以及美麗對人生帶來的正面益處，並且讓他們在忙碌生活中，有個地方能短暫歇息，稍稍感受生命帶給人的幸福感受。在完美莊園，顧客從不需要擔心自己會被推銷，因為余靜記得過去自己被強力推銷的不舒服感受，她總是秉持著要站在顧客角度思考，據此提供服務。

圖左｜完美莊園致力於把每個女孩都變得更美，且美得令人舒服
圖右｜沒有豪奢華麗的裝潢，但從空間的每個細節都能看見完美莊園的用心

保持恆溫的熱情，提供最佳的服務

美容護膚產業可說是以人為本的產業，美學管理師若在自己生理和心理不佳的狀態下提供服務，有時反而會讓顧客更加疲勞。身為經營者，余靜相當了解每個人每一天的狀態都不一樣，因此她會請團隊夥伴觀察自己的身心狀況，如果身心不適合提供服務，就直接請假，以避免提供顧客質量不佳的服務，「我聽說，有的理髮師會因為跟男友吵架就把顧客的頭髮剪壞，身為管理者，我必須確保美學管理師有空檔稍作休息，準備好心情迎接下一個顧客，這非常重要。」

余靜為了讓美學管理師做好準備迎接顧客，她會放慢服務節奏。顧客到店前，余靜會先聯繫顧客是否需要停車位以及食用餐點，當顧客到達時，也會請顧客稍坐一會，讓心情變得更平穩後，再詢問對於今日的服務有哪些期待和要求，這麼做同時能讓美學管理師有個空檔，回憶之前與這名顧客的服務狀況並做好準備。在節奏快速的日常生活中，余靜有時也會貼心地提醒匆忙的顧客：「寶貝，你來這裡就是要享受跟放鬆，你應該放慢腳步，不需要急急忙忙。」

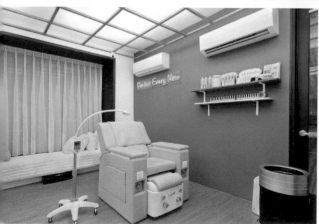

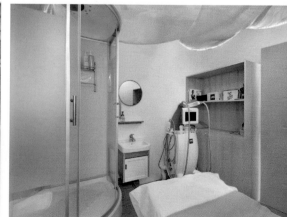

圖｜完美莊園營造舒適且溫馨的氣氛，讓每個顧客到訪都像是回家

尋找夥伴首項要求：必須認同品牌理念

目前完美莊園共有五位夥伴，余靜預計未來要增聘更多實力堅強的夥伴加入團隊；她認為若想要找到適合的美學管理師，需要先確定應徵者認同品牌的理念，並且也有像她一樣的熱忱。如同完美莊園粉絲專頁開宗明義所述：「只賣有緣人，不賣一般人」，這兩句話也相當符合余靜尋找夥伴的理念，「坦白說，如果不是品牌的粉絲，我是不會讓他進來上班的，心如果沒有在一起，管理上會很辛苦，像是拿石頭砸自己的腳。」余靜表示。

除此之外，余靜在挑選合作夥伴時，也期待員工能主動找出問題並提出改善方式。余靜說：「一個公司不可能只有創業者獨自解決問題，如果這樣的話誰想要當老闆，大家都累死了，員工也要發掘問題並提出解決方案，為自己的荷包努力衝刺。」

若員工對於公司的規章制度有任何意見，余靜也相當歡迎大家一起開會討論，「如果員工覺得有哪些環節不好，我會先檢討我的部分，有沒有需要調整的地方，並且我願意改善，但如果我完全合乎勞基法，甚至比勞基法中的規定給的更好，那麼員工也需要思考一下要如何做出調整，畢竟天下沒有白吃的午餐。」余靜表示，我的想法很簡單，就是希望完美莊園這個品牌能夠養活每個人，讓大家出去走路有風很有面子，我期待未來能

盡快找到認同品牌的合作夥伴，與品牌一起發光發熱、成長茁壯，也期待他們工作過程中，都能保持服務的熱忱，並找到生命中的價值以及最重要的幸福感！」曾經，余靜是個跑遍台灣和國外美容護膚沙龍的專業模特兒，她看過沙龍裡的美容師敷衍了事地為顧客洗臉，也看過自認是高知識份子的美容師傳授錯誤的保養常識；甚至在教學場域中，不了解顧客肌膚性質就直接操作藻針的美容老師，種種真實發生過的美容事件，都讓余靜有著「捨我其誰」的堅定決心，要將她心中的高品質服務付諸實行。

「我所做的所有事情，都是站在如果我今天是顧客，我希望得到的服務、希望別人怎麼對待我、希望享受到的是怎麼樣的環境，我就會提供顧客相同的品質。」2018年創業至今，余靜回憶過去的點點滴滴，認為一路走來快樂多於辛苦，她很開心能創造一個平台，將自己內心對於變美的渴望，萃取出最精華的部分給顧客。余靜相信，只要在創業或工作的過程中，找到支撐自己的那股動力，或許是服務帶給人的正面感受，也或許是一個深信已久的價值，只要找到那股動力，每個人都會真心愛上自己的事業、知道自己的價值，並努力地精益求精。

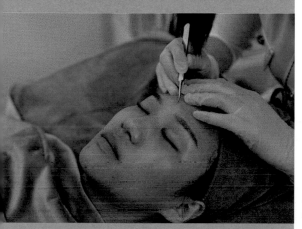

圖 |
余靜相信美容美體產業未來必定
朝向科技美容發展

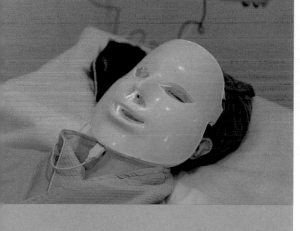

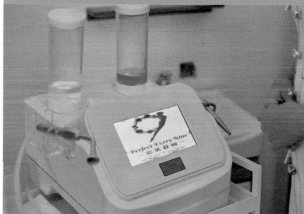

經營者
語錄

"

覺得自己很美麗時，你會感到自
己很美好，感到自己很美好的時
候，就會有意願行善，希望每個人
都能在最有幸福感的 spa Perfect
Every 9 PE9 完美莊園，持續創造
美麗，讓美好動態循環著。

完美莊園
Perfect Every 9

公司地址
台中市北屯區中平路 900 號

聯絡電話
04 2320 8909

Facebook
Perfect every 9 完美莊園

Instagram
@pe9.tw

美的代妍

BEAUTY

美的代妍美顏中心

起心動念，
用技術成就
善與美的循環

美的代妍美顏中心（以下簡稱美的代妍）坐落於埔心鄉，十多年來在員林、北斗、永靖、埔心一帶，是知名的美肌據點，愛美的女性們從少女到熟齡階段，只要有清粉刺、清痘等問題肌處理需求，第一時間就會想到美的代妍，除了無可挑剔的肌膚護理專業，美容師充滿熱忱的服務風格與舒適的空間，也為客人們所津津樂道。

美的代妍創辦人楊津雅表示，自己也曾為問題肌的困擾所苦；痘痘、粉刺等狀況造成的外貌焦慮，她百分之百感同身受，希望能運用自己長年鑽研的技術與知識，幫助所有人改善膚質、也提升生活品質。

愛美是一種正能量

「消費者會想要去做臉、進行肌膚護理的動機有很多，清粉刺、清痘痘、美白、抗老等等。而有毛孔阻塞問題的人，絕對是這些需求中的最大宗消費群。」楊津雅表示，位於亞熱帶氣候區的台灣，讓許多人都為皮脂腺分泌旺盛所造成的痘痘粉刺所苦，「更嚴重的還會衍伸成內疱、囊腫等問題，在臉上非常明顯，也因此造成許多人對於外貌的焦慮與自卑。」

也曾飽受痘痘粉刺困擾的楊津雅，自高中時期就定期找連鎖美容沙龍報到，在長期進行護膚課程、也自主學習許多皮膚醫學相關的知識後，順著自己的意念，加入沙龍美容師行列，期待能幫助更多跟自己一樣，被問題肌長期困擾的人。

踏入美容行業以來二十餘年，楊津雅表示，早期在沙龍擔任美容師的工作步調十分緊繃，甚至在孕期當中還因為工作量太大，而有出血的症狀。在家庭、職涯與個人健康狀況的綜合考量之下，楊津雅於 2000 年自行創業，初期與妯娌分租美髮店的空間，到買下現在的獨棟店面，並陸續投資要價不斐的電動施作床等設備，職涯當中，每當自覺碰到轉捩點、該做出一些改變的時候，楊津雅都展現出十足的決斷力與行動力。

「初期在美髮店分租空間、開始培養出第一批客群的時期，對我來說是一段重要的時光，那時為了跟客戶培養熟悉感，我也會在美髮店幫忙按摩、倒茶水、傾聽客人的煩惱等等，就這樣漸漸地建立起相互信任的關係，讓她們放心地把自己的臉交給我。」楊津雅補充說明：「在網路行銷與相關平台還不發達的年代，美的代妍的客流量，就是靠著這時期的客人幫我口碑行銷，一傳十、十傳百累積出來的。」

「有一位跟了我二十多年的客人曾經跟我說，她很少看到擁有多年經驗的資深美容師，能夠一直帶給她源源不絕的新鮮感。我最初就是因為愛美，想徹底了解怎麼幫自己做肌膚護理，才會進入美容行業的，直到現在，這份工作還是能給我滿滿的成就感，我自己愛漂亮的心理、加上客人們對於美的渴望，就是持續激勵我學習的正向能量，隔一陣子沒有來的客人，常會發現我按摩的手法跟之前不太一樣了，或是我又分享了什麼美容相關新知給她們，因此客人來到這裡，除了會感覺到像回家一樣的熟悉氛圍，同時也能獲得新的收穫。」楊津雅表示。

圖｜客人一踏進美的代妍美顏中心，就會被這個氛圍柔和而敞亮的空間所療癒，而更吸引他們的，是創辦人楊津雅長年鑽研苦練而成的美肌技術手法

市場越見飽和，
軟硬體持續升級才是王道

「在創業的路途上，每當到了一個轉捩點，我確認好方向，就會直接採取行動，不會猶豫太久。」草創時期，楊津雅採用分租店面的方式來提供肌膚護理服務，到了客流量逐漸穩定、開始擴張的時候，她也立刻意識到硬體升級的必要性。

「美髮沙龍跟美容沙龍的步調及氛圍，本來就大不相同，長期分租空間並不是長久之計。」楊津雅補充說明，美髮沙龍的氛圍通常比較熱鬧，會聽到吹風機、整髮器的聲響，以及設計師在交代助理各種步驟、客人與設計師聊天等話語聲。「但護膚或身體護理都是一對一的課程，客人會比較希望在一個安靜、具有隱私感的空間進行，最好還可以順便在按摩或做臉時補眠。」

於是楊津雅在房價相對低的時候就果斷出手，買下了獨棟的店面，若以都會區的美容工作室為標準來比較，美的代妍的空間規劃方式，簡直可用「奢華」來形容。一樓是開放式的吧檯與客戶等候、休息的空間；二樓則是個人服務室與雙人服務空間，客戶不管是單獨前來，或是夫妻、母女、閨密相約一起來放鬆，都有適合的空間可使用；附設淋浴間的三樓，則是專為熱蠟除毛、身體護理等服務項目所規劃的空間。

「在硬體規劃上，提供客人一個零壓力、可以好好放鬆的空間；在服務流程上，客人也不需要擔心，自己在流程中會被推銷產品或包卡方案等。」楊津雅補充說明，早年在沙龍服務的美容師，不管技術再精良、客人評價再好，都是領固定

的薪水,如果想要增加收入,就得靠賣產品給客戶,才能有業績獎金入袋。「至於客戶會掏錢買產品的原因,一方面,或許是因為信任美容師的技術跟為人,但也有可能是她們在心理上已經產生壓力,卻又不好意思直說,只好花錢買產品來解除這份壓力。」

她表示,像這樣的推銷現象,其實對美容產業的消費者有蠻深遠的影響。雖然近年來許多沙龍或個人工作室,都開始強調「不推銷產品」、「不需要包卡」,但其實很多新客人,在跟美容師建立起信賴關係之前,也都會抱持著比較謹慎、甚至是警戒的態度,不太會輕易透露個人資訊。「以前是客人在護膚做臉流程進行當中,就有心理準備可能會被推銷,現在是大家一開始就怕被推銷,所以不太想跟你多聊,無論是哪一種狀況,都會讓消費體驗大打折扣。」

她認為,自己創業的最大優勢,在於可以自行訂定服務流程,不需要受限於公司政策或業績規定,「我的服務流程,通常是從檢視客人膚況、生活作息及保養模式,來判斷問題肌的成因,以及最適合的解決模式開始。舉例來說,如果今天一個新客人,在網路上用『清痘痘』這個關鍵字搜尋到美的代妍,我就會先專注幫她解決痘痘這個困擾,等到客人在這個單一項目上,感受到你的專業所在、膚況也確實改善了,她自然會開始信任你,並主動詢問其他護膚項目。」

她強調,身為技術者又是品牌經營者,在面對客人的時候,一定要用技術來說話,「通常我完全不會去思考,這個客人下次會不會回來,或是要怎麼讓她變成長期會員之類的事情,我只會專注在當下,所以有些客人到中後期才開始選擇比較划算的包卡方案,還會說『哎呀你怎麼不早說!』,但我認為在信任關係還沒有真正建立的時候,去主動介紹產品或包卡會員方案,只會讓消費者在過程中難以放鬆,把她們越推越遠而已。」

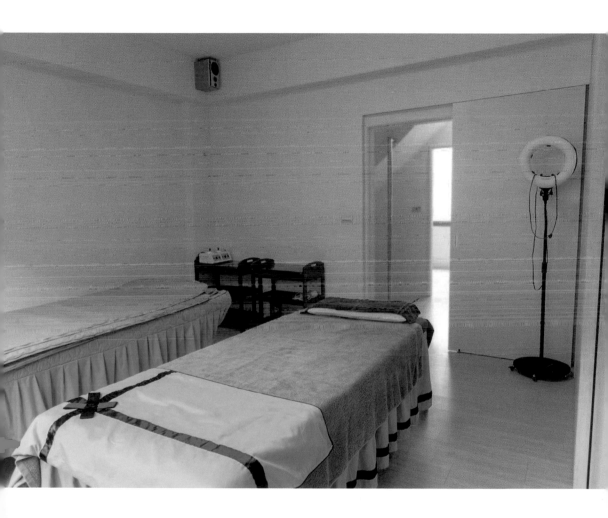

圖｜楊津雅認為，美容師只要拿得出具有說服力的技術，不斷優化消費體驗，不需推銷話術，消費者就會
自動成為死忠客群

楊津雅表示，現在美容產業消費者的行為模式蠻兩極的，如果是打從心底信任與喜愛美容師的服務，就會成為幾十年的長期客戶；如果是抱著試試看心情的體驗客，在市面上美容工作室數量如此飽和的狀況下，她們可以每個月都換不同的地方做臉，美容師也不需要去思考如何跟她們建立穩定的關係。「所以，在軟體、硬體上持續升級，去學習不同的技術來優化體驗，專注在自己身上是最重要的，像我們之所以斥資採購市面上少見的電動施作床，讓美容師可以依據自己的身高調整施作床的角度，就是為了要在最自然舒適、腰椎頸椎負擔最小的環境下，專注地做好服務；能夠做得好、做得久，才對得起死忠的顧客群。」

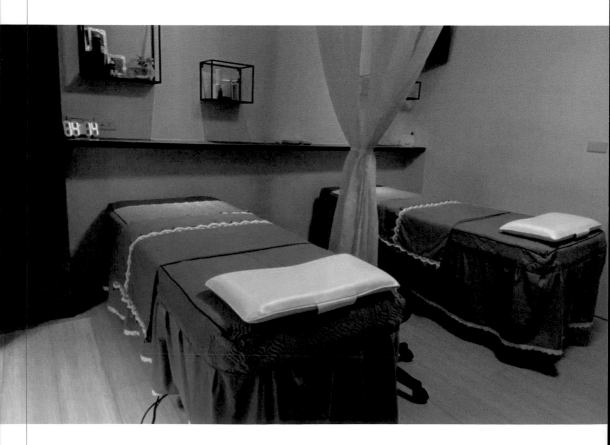

毛孔大掃除、護膚、美體、紋繡，
一站式實現你的美麗願望

　　目前美的代妍服務項目包括四大類別「肌膚護理」、「身體護理」、「紋繡」、「熱蠟除毛」。從開業初期，楊津雅就鎖定問題肌護理為主力服務項目，她表示，因台灣天氣炎熱，許多油性肌膚的消費者，可能在冷氣房外待不到兩小時就油光滿面，如果沒有適當清潔，油脂髒污會堵塞在毛孔，形成粉刺痘痘等；另外，過度摩擦皮膚而造成的粟粒腫、色斑等也都是常見的問題肌狀況。

　　「處理問題肌最重要的基礎步驟，就是要把堵塞的毛孔清乾淨，肌底乾淨了，進行後續的美白、保濕等進階保養才會真的有效果。而關於身體的紓壓排濕等課程項目，其實市面上有五花八門的選擇，像近年來很多店家會把耳燭、采耳等加入服務項目，但美的代妍則是專注於把現有的項目做好、持續思考如何精進，目前在身體護理的部分，我們比較專注在艾草溫罐、按摩刮痧跟波動儀美體課程。」楊津雅補充說明。

　　艾草溫罐按摩，就是瓷罐內點燃艾草，當溫度使毛細孔打開的時候，艾草燃燒的薰香就能發揮植物本身活絡氣血、排寒除濕等功能，再配合從腿部、胸腹、四肢、腰背到肩頸等部位的溫罐按摩手法，達到疏通穴位淋巴、放鬆筋絡的效果。波動儀美體課程，則是搭配低頻微電流儀器，加上按摩手法來強化疏通氣結、刺激血液循環的效果，做完能明顯感受到氣色提亮，肌膚的觸感也會變得更緊實光滑。

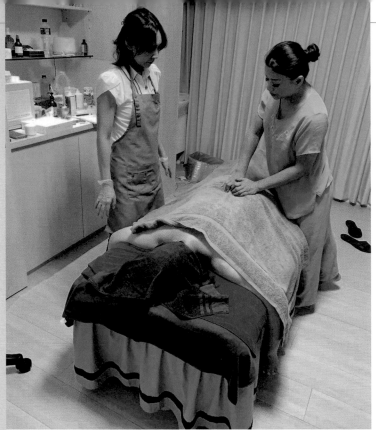

109/06/11

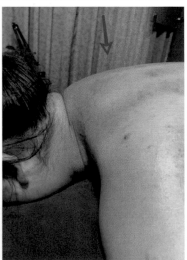

紋繡與熱蠟除毛，則是楊津雅在創業中期，觀察到消費者對於美的意識越來越提升，除了顧好肌底，還希望從頭到腳、從內到外零瑕疵的美麗，就算不化妝也美得光彩照人，因此她在親身體驗並接受技術訓練後，也把這兩個項目納入服務內容當中。

楊津雅指出：「這些服務項目，除了要學到位、徹底了解執行的標準流程，也要不定期的加強進修，了解市面上是否出現了新的工具、儀器或按摩手法，因為廠商也隨時在觀察消費者的需求演化，持續努力推出更方便、更好用的產品，身為使用這些工具的美容師，也一定要與時俱進不斷自我提升，才能維持、甚至不斷優化客戶的體驗滿意度。」

圖左｜為提供最到位有效的服務品質，楊津雅特別聘請艾草溫灸方面的專業師資進行一對一特訓

圖右上｜波動儀美體課程採用低頻微電流儀器，加上按摩手法，達到疏通氣結、刺激血液循環的效果

圖右下｜美的代妍初期專攻問題肌處理，到了創業中後期，為了因應消費者「素顏也要美、從內美到外」的需求，增加了身體護理、紋繡、熱蠟除毛等項目

講求速效的時代，問題肌更應回歸專業處理

「現代人在肌膚保養方面，會碰上的地雷真的太多了，防不勝防。」楊津雅表示：「光看臉書或 Instagram 上的照片，一般人很難想像，消費者在面對並想辦法解決自己的肌膚問題時，內心所經歷的，是怎麼樣的滔天巨浪。」

她舉例說明，有時候，就連愛乾淨導致過度清潔，都有可能是問題肌的成因，因為缺乏油脂的肌膚，有可能造成角質層失去平衡，PH 值失去弱酸性而抗菌力下降，而細菌一旦增生，臉部肌膚就有可能變成痘痘的溫床。「另外像飲食失調、壓力、睡眠不足這種現代人常見的文明病，都有可能是問題肌的成因，而注重外貌的人，可能一心急就會什麼都想試一試，例如加入網路社群，聽信網友建議使用偏方、沒有實驗數據佐證的保養品或藥膏等，進而造成更嚴重的皮膚災難，內心的焦慮感倍增，就這樣惡性循環……」

「最近看到一位醫師分享的故事，有位患者在加入了痘疤處理相關社群後，在網友建議之下購買了來路不明的高濃度三氯醋酸，全臉塗抹使用，結果造成化學灼傷才急忙求診。我自己也遇過不少自行使用煥膚產品或成藥，結果越處理越糟糕的案例。」楊津雅強調：「我能夠理解在心急之下，看到強調速效的產品廣告詞，會想要馬上行動的心情，但皮膚狀況千百種，如果不經過醫師跟美容師來判斷處理，而是自行診斷處置，踩地雷的機率真的太高了。」

圖｜問題肌處理前後對比照。開業多年，楊津雅遇上多位因長期使用類固醇藥物而產生皮膚戒斷反應的個案，她表示只要有耐心，交給專業人員處理，膚況就能慢慢改善

「曾經有位同業，介紹一個長期使用類固醇藥膏的客人來我這邊處理痘痘肌，通常有使用藥物的客人，我都會請他們來清痘之前先停藥，結果該名客人因為長期在臉上、頸部、身體部位塗抹抑制型的類固醇藥物，停藥以後，爆發了嚴重的類固醇戒斷反應，臉上滿佈痘痘跟乾癬；講話牽動唇部周圍肌肉時，血水跟組織液都會流出來，根本沒辦法出門工作或見朋友。可以想見對於一個愛美的女生而言，內心有多煎熬，在諮詢過醫生後，她在我這邊花了一年的時間進行低濃度果酸煥膚跟抗敏的課程，慢慢熬過這個戒斷過程，讓皮脂膜修復到正常的狀態，到現在膚況已經恢復穩定，接受酸類保養課程、雷射療程等都沒有問題了。」

楊津雅指出，心急往往是肌膚最大的敵人，她花了整整一年的時間，讓類固醇戒斷的患者膚況恢復正常，「在這個時期我也常常打電話鼓勵關心她，內心也會暗自擔心，她會不會半途就崩潰放棄，還好她願意耐心地把皮膚交給專業人員處理，一年後迎來了理想的結果。」

「現代人生活步調快，常常不自覺地去追求速效，例如長顆痘痘，希望今天擦了藥，明天就能收口結痂，後天皮膚就光滑如新，但人類的皮膚代謝週期就是固定在28-40天這個區間，速效的藥物或產品，往往會添加一些影響皮膚抗敏的成分，追求速效的風險是非專業者事先沒有辦法預期的。」

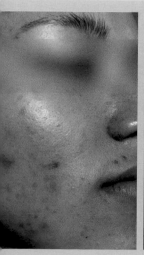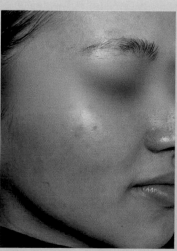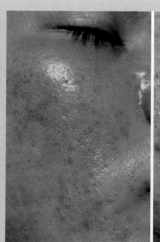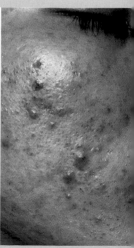

不疾不徐持續進化，讓品牌定位更趨鮮明

「經營一個品牌其實也跟肌膚護理一樣，追求速效不是長久之計，品牌的面貌、消費客群的特色，是靠著經營者的判斷跟決策所塑造出來的。」楊津雅表示，美業沙龍品牌講求在地深耕，用勤懇而確實的服務態度，來凝聚消費者的忠誠度；而經營有如看不見盡頭的馬拉松賽事，經營者本身，也必須要能享受種種過程，才能讓品牌永續經營。

「例如紋繡項目，雖然我 2007 年就開始接觸，也投資了六位數字的學費來學技術，但中間曾因為覺得這個領域太過於博大精深，時間成本耗費過鉅而決定中斷、專注在問題肌的處理上。但過了五年後，突然有一股驅動力跟熱情，讓我重拾紋繡學習，甚至積極去海外受訓、參加比賽等，靠著這股動力，也讓美的代妍服務項目更加多元、客群更加寬廣。」楊津雅笑稱，除了要照顧客人的需求，也要重視自己心底的渴望才行。

而在經營的過程中，除了長期參加外部課程、努力吸收同業前輩的技術優點，楊津雅也因為營運需求，無師自通了不少美容以外的項目。「包括店面落地窗的玻璃紙，都是我們自己丈量貼製的，沒有請師傅喔！另外洗衣機裝底座、換燈泡、牆壁鑽孔、浴廁抓漏這些硬體事項，還有初期的行銷素材跟 logo，都是我自己手繪設計並排程發文的。」

以上這些跟美容專業無涉的事項，她都必須親力親為，努力擠出空檔時間來執行，「自律跟時間管理真的很關鍵，一開始會在網路上設立部落格與粉絲專頁其實也沒想太多，只是希望客人能搜尋得到。而有一陣子我規定自己，一周要發佈至少兩篇貼文，當我有乖乖執行的時候，每天都有新客人來諮詢服務事項，我認為，在任何事情上要追求正面的結果，唯一的秘訣就是自律。」

如同堅信自律是做任何事情的原

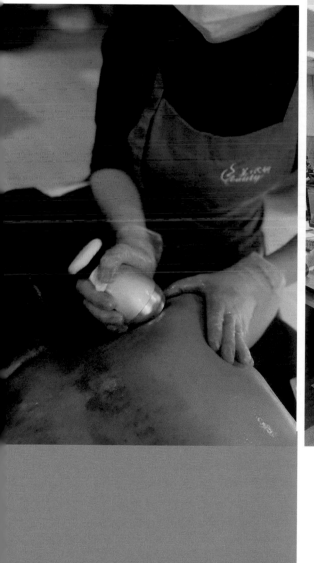

則，在挑選合作夥伴時，楊津雅的原則也非常簡單：「看人品。其實我不覺得自己是一個非常精明的人，所以在挑選保養品牌合作夥伴時，會選擇跟育膚堂、妮傲絲翠、白薇兒這幾個品牌合作，最主要的因素都是因為主事者為人正派，在這個前提下，他們所提供的產品會有一定的保障。當然成本也是重要的考量，但是如果只被低價吸引，而購入了有問題、有爭議的產品，受傷的會是自己的品牌信譽。」

因此，她所投資的器材、產品，安全性跟效果都要無可挑剔，「我是屬於行動派，但是行動力強並不等於躁進，從事美容行業二十多年，技術已經做出了口碑，不可能採取價格戰、大量進貨低價商品或其他短線操作來創造現金流。品牌要守成，同時往更好的境界邁進，我認為，要按照自己的步調，不疾不徐，才能讓品牌的每個環節呈現都完美無瑕，這是我在行業內摸索前進二十幾年來，所學到最重要的一課。」

經 營 者

語 錄

"

精植呵護您一身，

還原肌膚最初衷，

為你打造自己的「還原美麗工程」，

塑造你，

成為美的代妍。

美的代妍 美顏中心

公司地址
彰化縣埔心鄉經口村中山路 153 巷 3 弄 22-1 號

聯絡電話
04 838 1796

Facebook
員林做臉 / 美的代妍美顏中心 / 清痘 / 內疱 /
問題肌 / 北斗 / 永靖 / 埔心

EMILY SPA

EMILY SPA
Body & Skin Care

愛・美麗

美業品牌
成功的基石，
來自血淚經驗的堆疊

Emily Spa

從受雇的美容師到自己創業、從加盟連鎖沙龍體系到自創品牌；2012年開始，整整十年多的創業之路，Emily Spa 愛・美麗 (以下簡稱 Emily Spa) 創辦人 Emily，作為品牌經營者，所做的每一個決策，都是經過思考、驗證而得出的答案。

「雖然我的個性喜歡求新求變，學習各種不同的事物，但不管是選擇產品、引進美容課程或是店務管理，執行每一件事的前提，都不是天外飛來一筆的創意，而是來自我親眼所見或在服務現場所獲得的反思。」Emily 強調，品牌經營的心法無他，就是穩紮穩打。

堅持「少即是多」的服務設計心法

「客人走進美容沙龍，除了想變漂亮，另一個主要的目的，就是來放鬆的。」Emily 表示，來到 Emily Spa 的客人不會看到閃亮的水晶燈、金碧輝煌的設計元素，或是讓人眼花撩亂的服務價目表。「她們體驗到的，是柔和的暖黃色燈光，原木、米白色系相間的色調，以及客製化的服務流程。」

Emily 指出：「我從 2012 年踏上美業創業之路，當時加入了兩個連鎖沙龍體系，希望能借重知名品牌的經驗與流程，來服務客人。當時，加盟總部對我們的要求，就包括了『要裝華麗的水晶燈』以及『要貼上相應風格的壁紙』等，以前，華麗而恢弘的裝潢，或許可以震懾消費者，讓客人們感受到尊榮、被重視的氛圍；然而，那跟我自己偏好的風格，差異真的很大。」

她表示，近年來，消費者對於美學的偏好也慢慢在變化，「消費者現在期待的服務空間，不是一個讓她們嘆為觀止的豪華店面，而是一個讓她們能夠卸下心防的地方。Emily Spa 也的確成功地做到了這一點，許多客人一進來都會表示『好放鬆喔！我快睡著了』。」

然而，她也強調，硬體空間規劃，只是服務的一部分，Emily Spa 的主力服務項目包括手清粉刺、煥膚、抗老美容保養等，相較於市面上主打一站式服務的連鎖沙龍，服務內容相對單純簡約。「但求質精，不求量多，Emily Spa 的每個項目，我都要親身體驗、確認過美容效果與成分的安全性，才會引進，我不會因為市面上流行什麼樣的美容課程，就馬上跟進。」

圖｜「Emily Spa 愛‧美麗」創辦人 Emily，喜歡求新求變、學習新事物，但她的經營風格則是屬於百分百的穩健務實派

「舉例來說，在操作美白、抗老等各種課程之前，最重要而基本的環節，就是要徹底清潔，把客人臉上的粉刺清乾淨，而光是要兼顧『粉刺清潔溜溜』跟『清粉刺痛感降到最低』這兩件事，我就輾轉找了好幾位老師學習各種手法，直到我遇見了手清粉刺專家－小菲老師。」

Emily 回憶起跟小菲老師學習手清粉刺的過程：「簡單來說，就是打掉重練，那時我已經當了好幾年的美容師，客人對於我的清粉刺技術評價是『雖然會痛，但是清得很乾淨。』而我為了讓客人能夠以更放鬆、低痛的狀態度過清粉刺的環節，我必需拋開以往的手法與習慣的工具，從零開始跟小菲老師學習。」 光就清粉刺這個技術環節，Emily 至今每年都會報名參加小菲老師的複訓，為的就是提供更完整、更能讓客人放鬆的服務品質。

她表示，任何一個美容項目課程，都有許多細節與變因要考慮，引進與否，都要以客戶的需求為基準。「我也上過很多儀器護膚課程，學著去認識各項技術的優勢，但如果我覺得親身體驗的效果不夠厲害，就不會考慮引進。」為了以客人的角度，學習各家護膚沙龍的優點，在 Covid-19 疫情來襲前，Emily 平均一個月會親身體驗一至兩家的美容護膚服務，「但並不是看到別人提供什麼，就要有樣學樣，還是要仔細考量客人的屬性及需求，以及各個項目的效果到底能發揮到什麼地步。」Emily 表示。

從茶杯、毛巾擺放到聲量控制，
無一不講究的細節管理

「不管是美容業、餐飲業或旅遊業，各種服務業其實都具備同樣的本質：服務人員需要戰戰兢兢，關注每一個細節，才能打造一個讓客人全然放鬆的體驗。」Emily 表示。

「細節的講究，不僅來自於我在一開始，受雇擔任美容師的訓練，也是我體驗過各種規模的美容沙龍服務，在第一線的觀察所得。」她補充說明，每個客人的需求與屬性都有所差異，有些人對聲量特別敏感，有些人則是對氣味或是燈光特別在意。「像我還曾經接到過客訴，客人抗議美容師的呼吸聲讓她感到不自在，雖然這樣的案例是少數，但這也反映了一件事：服務業者不能用自己的主觀，來判定客人的要求是否合理，我們唯一能做的，就是把所有環節都執行到位，盡量做到接近完美。」

圖 |
從低調柔和的裝潢風格，到服務項目設計，Emily 循著「少即是多」的原則，用心經營每一個細節

「例如，我選擇在我從小到大熟悉的士林商圈開店，雖然以人潮熱度來判斷，士林夜市一帶是最能吸引過路客的地方，但我選擇了鬧中取靜的士林捷運站周邊地段，讓客人在到訪的途中，就能感受到世外桃源的沉靜感，那就是整個服務體驗的起點。」此外，包括客人的鞋子如何擺放、接待倒茶水時茶杯放置的角度等，都有講究。

「例如，要把茶杯的把手，放在客人最能順手取得的位置，免得客人還得轉動杯子去找把手的位置。」Emily 表示，在看過客人一邊諮詢、一邊轉杯子的畫面以後，她就默默的把這個細節，加入服務流程當中。

「Emily Spa 的新進員工在受訓的時候，對於這些細節、注意事項都會感到不可思議，像敷臉的時段，唇膜要分別敷在上唇與下唇，方便客人開口講話；或是頭部旁邊要放毛巾，接住從雙頰兩側流下來的精華液等，員工一開始感受不到差異，但等到她

們看到、聽到客人的反饋，就會知道我為何要訂定這些繁瑣的細節了。」Emily憶及，剛踏入美容行業時，老闆也會嚴格要求，服務的時候不能發出多餘聲響，「我曾經因為記筆記時，筆蓋掉到地上發出聲音，事後還自責到哭。」這些用努力跟眼淚累積的實務經驗，逐漸彙整成為 Emily 的獨門服務心法。

　　「基本上，客人來到美容沙龍，都會希望能在一個寧靜而放鬆的環境下，好好紓壓，但如果是健談愛聊天的客人，我們也不可能去要求她壓低音量，保持肅靜。」Emily 笑稱：「那就從根本做起，使用高效能的隔音材質，讓同時段的客人，不至於互相干擾，服務區的門一關上，客人在裡面大聲講話，外面的人是聽不到的喔！因此，在最後的敷臉休息時段，美容師還得將門開一個小縫，並隨時豎起耳朵注意動靜，以免錯失客人叫喚的聲音。」

　　她表示，服務完成後，接到客人回傳的問卷調查結果，每每都會發現，客人對於美容師的細節講究程度讚不絕口。「Emily Spa 沒有華麗的排場，與一字排開、看起來很威風的美容儀器，但我們最核心的資產，就是團隊的技術與服務專業。」

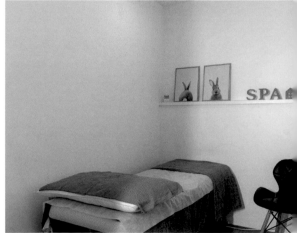

鏡頭外，主播變美麗的秘密基地

「我自己在選擇引進保養課程或產品之前，都會花上幾個月、甚至幾年的時間觀察並實測，同樣地，在真正進入服務流程之前，Emily Spa 的美容師都需要仔細地進行諮詢，觀察膚況，設計對客人最有效的課程內容。」

她補充說明：「當初會離開連鎖體系，自創品牌，有部分也是為了這個原因：連鎖沙龍有固定合作的保養品牌，美容師要使用的產品，也都要符合總公司的規定，但同一個品牌底下，總會有效果特別好的明星商品，以及表現沒那麼突出的品項，為了符合公司規定，美容師就要對特定品牌的產品照單全收，其實，也沒辦法讓保養品發揮最大的功效。」Emily 表示，完整掌握客人的狀況，自主選擇適合的保養品用在客人身上，才能讓客人覺得物超所值。

「剛創業的美容師都可以使用公版的諮詢表，來詢問客人的狀況，但隨著服務經驗的累積，我會一步步地去『升級』我的諮詢表內容，盡量避免漏掉細節，進到美容室開了燈，還要根據諮詢結果，再去檢查確認客人的膚況，前置作業越完整，就越不容易出錯。」美容師的專業在於，要根據客人的生活、職業型態以及肉眼能判斷的膚況，精準地勾勒出相對應的服務內容。

Emily 舉例說明：「像我店裡有蠻多的客人是主播，多到家人都會開玩笑，說 Emily Spa 是主播的秘密基地，因為主播常常要上濃妝，皮膚的負擔非常重，卸妝也很難徹底卸乾淨，導致素顏時可能有暗沉、膚色蠟黃的狀況。但她們又需要時時在鏡頭前保持光鮮亮麗，所以她們保養的重點，就是要改善氣色、讓輪廓線分明，同時絕對不能讓她們出現紅腫或過敏的狀況，不然隔天上妝會很痛苦，所以主播們適合的課程通常是舒緩修護透亮以及具有緊緻拉提效果的活妍肌齡課程。而 Emily Spa 著名的天使晶鑽藻針煥膚課程，如果隔天要立刻上妝，對於肌膚的刺激會太大，因此，我反倒不會建議主播做此課程。」

BLOG.FASHIONGUIDE.COM.TW
【保養】最近的肌膚亮晶晶！Emily Spa是我定期保養的秘密
基地 - Sonia is Here! - FashionGuide華人第一女性時尚……

【保養】台北士林捷運站做臉美容-Emily Spa清除粉刺大軍-臉變得超透亮

 劉益如-豬小如 寰宇新聞
2021年4月25日 · 🌐
　　　　　　　　　　　　　　　　　　 ···

保證素顏零修圖 😊 😊
身為一個新聞工作者
長時間頂著濃妝
日常保養真的很重要啊啊啊啊
我的好鄰居 瑋婷主播
特別介紹我保養工作室
Emily Spa愛美麗美妍館 臉部保養 肌膚問題 士林
從基本清潔、粉刺清除後（手工清粉刺超療癒）
再找個保濕紅外線燈光
原本以為會整臉紅通通
是不是很透亮 😊 😊
哪裏預約？ ⬇️⬇️⬇️⬇️⬇️⬇️
https://www.facebook.com/361758630603597/
（報豬小如名字打到骨折 🐷 🐷）

#本週一樣台灣台18.19見喔

圖｜經由擔任記者的客人推薦，Emily
Spa 在媒體圈一傳十、十傳百，因緣際會
成了主播的護膚秘密基地，圖片截至主播
粉絲頁

她補充說明，天使晶鑽藻針煥膚課程，是從 2016 年，藻針煥膚在台灣尚未普及時，她便偕同廠商開始研究藻針的成分、效果以及適合的舒緩保養步驟。

「藻針這種東西，用肉眼看就像沙子或胡椒粉，要用顯微鏡才看得到針狀結構，像酸類保養品只會作用在皮膚的表層，但藻針成分能夠進入到真皮層，達到促進老廢角質代謝，刺激膠原蛋白增生的效益。然而，在我剛接觸這項技術的時候，藻針成分的雜質還比較多，對臉部的刺激感也較強，擔任護士的客人在做完天使晶鑽課程後，隔天必須戴口罩上班，都會痛到哇哇叫。」於是，Emily 花了很長一段時間，研究適合的調和液與抗敏保養品，以降低痛感及發炎反應，而天使晶鑽課程，也成為了 Emily Spa 的招牌項目。

「在這個過程中，我一直在尋覓適合的保養品，不僅要檢驗合格，還要能讓我看到具有說服力的效果數據。」直到 2019 年，對 Emily 來說亦師亦友的清粉刺專家小菲老師，進一步開發了保養品牌「育膚堂」，也讓 Emily Spa 的天使晶鑽課程效果進一步升級。

「實測發現，藻針煥膚後搭配使用育膚堂產品，不但客人的脫屑、紅腫及發炎反應大幅度降低，整體的保養效果也有明顯的改善，讓我更放心地操作天使晶鑽課程，且還能搭配杏仁酸煥膚、保濕抗老等進階服務。」Emily 表示：「不管是挑產品或選擇學習及合作對象，我的態度都很務實，可靠的合作對象提供的產品也會是值得信任的。小菲老師及藻針合作的廠商，都是我生涯中的貴人，他們提供的產品、教學或服務，都是實實在在，能夠用數據或成果來佐證的。」

圖｜對 Emily 而言，手把手傳授清粉刺技術、開發育膚堂保養品的小菲老師，以及長期合作的藻針廠商微晶生醫寶哥，都是生涯中的貴人

肉眼可見的效果，就是品牌最佳宣傳

　　堅持一年只開放一次儲值優惠、不推銷、也不會用話術來自我宣傳的 Emily 表示：「我不會跟客人說『在我這裡做一次臉，皮膚就會好到發亮』這種浮誇的話喔！人的體質、膚質有百百種，問題肌更需要漸進式的保養護理，沒有做一次就能改頭換面這種事。」

　　在服務執行方面，Emily 講求實效，「服務一個客人的時間平均需要一個半到兩個小時不等，光是清粉刺這個環節，通常就需要至少 30-40 分鐘。」如果預約客人遲到五分鐘，就只能進行簡單的保養；遲到超過十分鐘，Emily Spa 就會直接取消當日預約。「並不是要為難客人，而是清粉刺這個環節是最基本也最花時間的，如果遲到十分鐘以上導致結束時間延後，就會影響到下一組客人的權益。」

　　「服務業以客為尊沒有錯，但是為了整體的服務品質考量，經營者訂好規則，就要踩穩自己的底線，立場不穩，也沒辦法贏得客人的尊重。」Emily 表示，堅守原則的業者，自然能吸引想法雷同、互相尊重的客人。

「很多第一次來到 Emily Spa 的客人，抱著之前被其他店家推銷包卡、買產品的印象來到這裡，結果兩個小時的服務流程結束後，反而會錯愕地表示：『你們沒有要推銷我買方案或儲值嗎？』。在創業之前，我曾經見證同業美容師為了維持穩定收入，拼命地在推銷產品跟包卡方案，近年來，也有老客人被別的店家推銷儲值方案後，硬著頭皮用完，才又回到 Emily Spa 消費，可見被推銷的壓力有多大。」因此，Emily 表示，她不會因為要衝客單價或提升利潤，而讓員工去推銷保養品，或是去操作對客人沒有加分效果的護膚課程。

「曾經有媽媽帶女兒來做臉，指名要做天使晶鑽課程，結果被我『勸退』，因為膚況穩定、代謝良好的年輕肌膚，基本上是不太需要用到藻針來改善的，如果我為了追求單次的利潤，而去施作客人不需要的護膚課程，客人感受不到實際效益，長久下來，對品牌沒有加分只有扣分。」

圖左｜顯微鏡下的藻針
圖右｜天使晶鑽課程 (俗稱藻針) 運用藻針的特殊成分，能有效促進老廢角質代謝，改善痘痘及粉刺

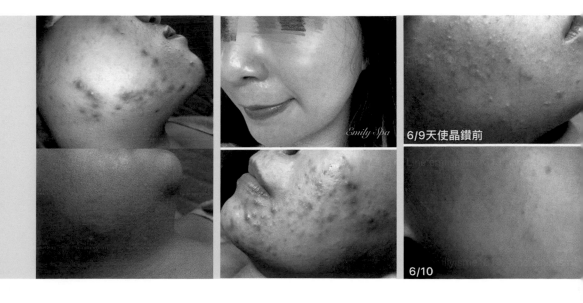

化繁為簡的團隊管理哲學

「創業的頭幾年，人事管理對我來說，真的是很艱困的挑戰。」Emily 指出：「坊間許多美容沙龍會以簽約的方式來雇用美容師，合約未滿離職就要賠償高額的違約金，但其實那樣的制度，對員工的保障程度很低，因為一個人在職場上會遇到什麼樣的事情，是很難預期的，包括身心壓力、家庭因素、人際關係等，如果員工真的不適應環境，又被合約束縛住動彈不得，實在是太痛苦了。」

Emily Spa 對於旗下員工一律不綁約，離職規定比照勞基法，「而身為經營者要如何留住員工，又是另一大挑戰。基本上，在我能力範圍之內，我願意給予員工最大的彈性跟福利。」每年都會固定報名小菲老師清粉刺複訓課程的 Emily，不僅注重自我精進，也把員工一起帶去接受最完整的訓練。

「術業有專攻，小菲老師長年以來所鑽研出來的教學架構，並不是我跟著上課就能夠輕易複製的，為了讓員工接收到第一手資訊，我每年都會安排進修之旅，把員工帶去上小菲老師的課，包括訓練、住宿及交通費用都由我一手包辦。」

　　她強調，Emily Spa 正式成立至今，為了支應不斷增加的客戶群，已經擴增到兩個據點，團隊人數也持續擴編，「所以，我更要確保美容師跟我接收到的資訊、學到的技術是同步的，這樣服務品質才能達到一致與穩定。」帶著員工去進修，既是福利的一環，也是確保品牌聲譽的操作模式。

　　Emily 表示，與其馬不停蹄地衝客單量，她更希望美容師能切切實實，服務好每一組客人。「雖然規定她們一天最多接四組客人，準時下班，但前置作業與服務完成後該執行的步驟，一個也不能少。」Emily 透露，雖然美容師沒有業績壓力，也不需在營業額上一較高下，但是透過問卷調查系統，可以看到客人對每一個美容師的評價。「哪個美容師表現良好被客人稱讚、哪個美容師被反應過程中有疏失，全體員工都看得到，這反而會形成一種良性競爭的氛圍，激勵大家精進自己的手法跟服務細節，同時也是一種鞭策員工進步的策略。」

圖左｜一年只開放一次儲值優惠，不推銷、不誇大效果的 Emily Spa，提供的是肉眼可見的膚質改善成果，而非話術帶來的安慰效應
圖右｜Emily 運用簡約而高效的管理哲學，給予員工充分的激勵與進步動力

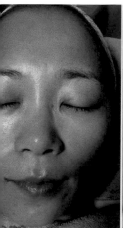
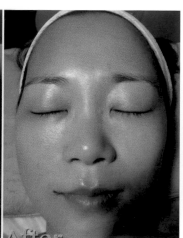

自主與自律是一體兩面

「雖然小時候沒有想過自己會創業，但現在回過頭來檢視，我認為，這是一個正確的選擇。」大學時期父親驟然離世的衝擊，讓曾經無憂無慮的 Emily 憂鬱纏身，直到在家人的鼓勵之下，踏進了美容行業，進而開啟了創業這條漫長的旅途。「家人是我全方位的支柱，也是我的動力。」Emily 表示：「我哥哥曾經跟我說，不管你是想要打工，還是做別的事情都可以，你想要過什麼樣的生活自己決定。」為了締造更穩固的經濟基礎而決定創業的 Emily，在投入創業後才發現，經營管理這件事，比想像中的還要困難。

「進入加盟體系後，我慘賠了一百多萬，很多人碰到這樣的狀況，都會面臨家庭壓力而放棄創業，但我的家人從來沒有干涉過我的選擇。在 Emily Spa 來客量穩定之前，我也曾經推出到府美容服務來支撐營運，幾乎任何時段的委託，我都不會拒絕。直到 2016 年起，天使晶鑽煥膚課程開始做出口碑，營運狀況才穩定下來。」

圖｜
家人的存在，對 Emily 而言有如全方位的支柱，也是她堅持的動力

自 2019 年起，Emily Spa 擴增為兩家店面，「我必須將更多的時間用來管理店務、檢視來客預約狀況、回覆訊息等，幾乎是二十四小時手機不離身的境界。當初選擇自己創業，是希望有完整的自主權，在服務規劃、店務管理等不需要受到公司政策限制，但自由的另一面，就是要擔負起品牌的生存挑戰以及員工的生計，完全沒有偷懶的空間。」

Emily 笑著指出：「我是一個很認真同時又很懶的人，我並沒有野心想瘋狂擴增據點，發展成連鎖體系，我只想成為士林地區的扛霸子，在現有的基礎上，努力打造『士林護膚第一品牌』，因為那是在我的願景中，能夠按部就班到達的境界。」

「不管是選產品、規劃服務項目、優化流程或是擴大營業，我都會在有所本、有基礎的前提之下一步步地完成，我認為創業成功，靠的就是這些點點滴滴『看得到』的細節，你所投入的時間與努力，都是有價值的。」

品牌核心價值

　　以愛為出發點是 Emily Spa 成立的宗旨，在忙碌的二十一世紀，大家漸漸忘記愛的存在，請您無需擔心，讓 Emily Spa 隨時為您補充愛的能量，經由我們愛的呵護，讓您的肌膚從裡亮到外，讓您的身心充滿愛及值得被愛，最重要的是多愛自己，別人也會更愛你唷！

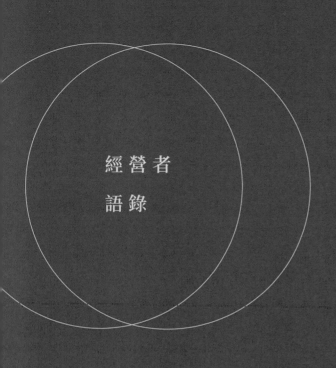

經營者
語錄

"

你必須很努力，
才能看起來毫不費力。

愛 · 美麗
Emily Spa

公司地址
台北市士林區中山北路五段 461 巷 35 號 2 樓
台北市士林區福榮街 8 號

Line
@emilyspa

Facebook
Emily Spa 愛·美麗

Instagram
@emilyspa2

LYDIA BEAUTY

LYDIA BEAUTY

呂底亞形象美學

細緻體驗輔以社群行銷力，發揮強大綜效

呂底亞形象美學 Lydia Beauty（以下簡稱 Lydia Beauty）創辦人 Lydia，從學生時期就對美容行業懷抱著濃厚的興趣，輾轉在餐飲業、婚紗業等不同產業歷練，累積了各種層面的第一線服務經驗後，終於進入自己嚮往的美容產業，並於 2018 年開啟了創業的篇章。

有別於其他店家使用社群廣告、關鍵字等方式努力爭取曝光度，Lydia Beauty 則採用介紹制，透過單一 Instagram 平台跟每一位客人建立起深層的互信關係，Lydia 強調，讓每位顧客賓至如歸是她的最高準則，而賓至如歸不只是口號，而是具體地展現在她與客人們的溝通方式、服務手法及社群平台互動策略當中。

Lydia Beauty

從熟客預約制開始，
穩紮穩打累積正面風評

「目前 Lydia Beauty 唯一的預約管道就是我的非公開 Instagram 帳號，每一位客人都是透過之前來過的客人介紹，才會得知我們的存在。」Lydia 表示：「不是特意要走神祕路線，也不是在做飢餓行銷；介紹制的存在，是我把關服務品質的方式。」

坊間許多美容沙龍，漸漸捨棄強力推銷會員包卡、儲值的機制，而是讓消費者自由、無負擔地享受單堂體驗，在市場上自行探索，選擇最適合自己的店家。而在這個前提下，不管是沙龍或個人工作室，都會遇到的關卡是：客人體驗過一次就不再回來了，可能原因包括對體驗過程滿意度不足、覺得效果不彰、或是不喜歡店面裝潢風格等，而業者通常也無從追溯真正原因。Lydia 表示，無論是對於剛開業的美容師，或是已有數十年經驗的資深業界人士而言，最寶貴的收穫就是來自客人的真實回饋。「透過介紹制，我更有機會知道自己在服務環節、力道或流程等，有沒有需要改進或調整的地方。如果是體驗過一次就不再回來的陌生客人，我很難得知真正的原因。」

Lydia 表示，自己在高中時期就憧憬進入美容業，但在家人的勸說之下選擇就讀觀光科系。「家長都會希望孩子能找到一份有前景，又『不那麼辛苦』的工作，長輩對於美業的想像可能就是要長時間站著，幫客人洗頭洗到雙手乾澀脫皮等，所以當時家人建議選擇觀光科系，學習各種課程來探索自己的職涯方向。」

圖｜ Lydia Beauty 創辦人 Lydia

8:00

Thursday

BE BRAVE! Sei Mutig und trau' dich neues! Du schwimmst besser wenn du nicht weißt wie tief das Wasser ist.

LYDIA BEAUTY

讓你放下全身的裝備用最輕鬆自在的方式盡情享受保養課程

緩和緊繃的思緒及疲勞的身心得到一場身心靈同時放鬆時光

　　她坦言，就學時期就發覺自己對主修科系興趣不大，懵懵懂懂地過了四年，畢業後，為了供給自己與家裡的開銷，最高紀錄是同時兼四份工作，當過客服人員、超商行政、飲料店店員、婚禮企劃的 Lydia 表示，任何產業的工作都有辛苦的一面，也有能夠帶來助益的面向，多方累積的服務業經驗，也讓她在思考並規劃 Lydia Beauty 的服務流程設計時，想得更加周全。

　　「小時候家境不是很富裕，長大後為了負擔家計也需要兼差打好幾份工，或許就是這樣的生命經歷，造就了我刻苦耐勞的個性跟習慣。」Lydia 表示，剛創立 Lydia Beauty 的時候，從早上忙到晚上十一、十二點是常態，還曾有過半夜三點才收工回家的經驗。「當時每個被介紹來詢問的客人，對我來說都是一個機會，指定時段不管多晚我都會接。」

　　她表示，擴大客群並沒有捷徑，剛起步的時候，藉由親朋好友的支持及介紹來推廣個人工作室服務，因 Lydia Beauty 的客群主力為 20-30 歲的學生及上班族，屬於在 Instagram 平台上活躍的消費群，鼓勵客人們在自己帳號分享護膚心得，並標記 Lydia Beauty 享有優惠，是一個有效打開知名度的方式。

圖｜
Lydia Beauty 從開業以來，使用單一 Instagram 平台與每位客人真誠的互動，Lydia 不追求鋪天蓋地的曝光，而是希望每位客人都能感受賓至如歸的體驗

質感發乎於心，從清潔到保養、打造零壓力的舒適體驗

點開 Lydia Beauty 的限時動態，可以看到眾多客人描述這裡的服務體驗，關鍵字常常出現「睡」這個字眼，包括課程中睡到打呼、睡到嘴開開、擠痘痘也能睡著等描述。Lydia 表示，一般而言，最容易讓客人焦慮的護膚環節，就是清粉刺跟擠痘痘。因此，要能夠讓客人在服務流程中真正的放鬆，美容師一定要把過程中的痛感降到最低。近年來 Lydia 持續跟台灣的清粉刺知名專家小菲老師學習，同時也會參考其他老師的手法，來歸納出一套最適合自己、也最能降低痛感的技術準則。

「技術精進當然很重要，在這個產業之中，你永遠都會發現比自己厲害的高手，服務的品質在於技術，也發乎於心，有沒有把客人的肌膚，當成自己的肌膚一樣愛惜，客人在服務的當下馬上就能感覺到。」經常被客戶們稱呼為「溫柔姐姐」的 Lydia，盡力地在每一次與客人的相遇，從空間佈置、言談到服務手法，都讓客人覺得溫暖而親和。「甚至還有客人表示，她喜歡我是因為我不會尬聊，不會為了聊天而刻意找話題，這樣的我讓她感覺非常舒服。」Lydia 笑稱。

不疾不徐，把握每一次跟客人的相遇，盡力讓體驗過程完美無瑕，再鼓勵客人把美好的體驗感受分享到社群平台，吸引更多人前來。只運用 IG 單一平台，Lydia 將線上線下整合的 Online to Offline 行銷模式，發揮得淋漓盡致，落腳於高雄的 Lydia Beauty 客群範圍遍及嘉義、屏東等南台灣各縣市，靠的就是這般「小兵立大功」的口耳相傳模式。

圖 |
從空間、服務環節、手法力道以至於言談內容，Lydia Beauty 都以客人的舒適度為最高執行準則，服務品質就是最好的行銷利器

TIME TO TALK
TO YOUR CAT:
LANGUAGE
LEARNING TIPS

While neighbours
can't knock on your door
LOUDEST PLAYLIST ADVICE

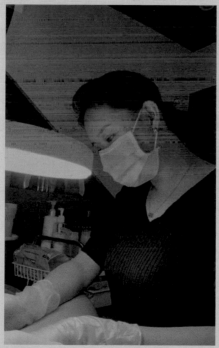

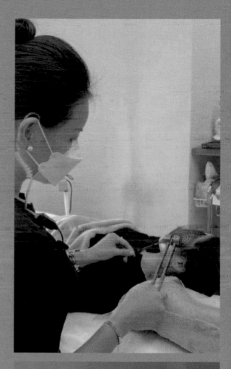

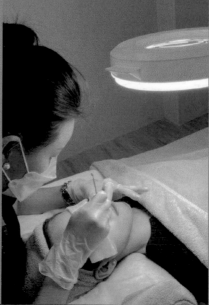

謝謝美女客人推薦

高雄最美的美容院
有最好的技術&服務&環境
真心推薦大家來體驗看看
來過的朋友都說讚♡
「每個月一定要讓自己好好放鬆一天」
@w.x.w.www ꒰(๑˃̵ᴗ˂̵๑)꒱

最愛的花茶◡̈

Lydia Beauty

使用澳洲原裝進口天然植物成分熱蠟系列產品

孕媽咪們與敏感肌膚者可以安心使用

《一人一套保養工具不混用預防感染風險》

全使用拋棄式｜木棒｜毛巾｜床墊｜枕頭套

提供獨立式保養空間以及獨立式沖洗設備

與沖洗提供私密潔膚露清潔安心享受課程

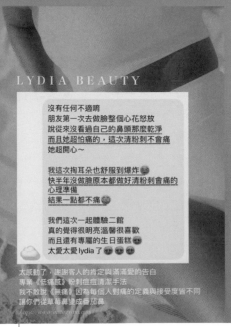

LYDIA BEAUTY

沒有任何不適哷
朋友第一次去做臉整個心花怒放
說從來沒看過自己的鼻頭那麼乾淨
而且她超怕痛的，這次清粉刺不會痛
她超開心～

我這次掏耳朵也舒服到爆炸😆
快半年沒做臉原本都做好清粉刺會痛的
心理準備
結果一點都不痛😌

我們這次一起體驗二館
真的覺得很明亮溫馨很喜歡
而且還有專屬的生日蛋糕😊
太愛太愛lydia了😍😍😍

太感動了，謝謝客人的肯定與滿滿愛的告白
專業《低痛感》粉刺痘痘清潔手法
我不敢說《無痛》因為每個人對痛的定義與接受度皆不同
讓你們從草莓鼻變成番茄鼻
https://www.instagram.com

LYDIA BEAUTY

回覆了你的限時動態

真的無痛!
連我痘痘嚴重的人都覺得超低超低痛
了，所以正常人應該沒感覺😌

專業技術《低痛感》粉刺痘痘清潔
嚴重痘痘的客人回饋清潔近無痛感
但痛的定義真的因人而異我只敢說《低痛感》
謝謝美女客人每個月定期從台南來保養肌膚
謝謝你們不因為距離因素依然選擇 LYDIA
https://www.instagram.com

將好評化為聲量，
促使客人回流的 O2O 行銷模式

　　O2O(Online to Offline) 線上線下整合行銷是許多業者都在使用的模式，運用 IG、臉書或 line 等網路平台，讓用戶在線上得知產品或服務資訊，進而帶動線下通路的消費體驗，再轉發自己的體驗分享到線上平台。而 O2O 行銷能否成功、創造品牌知名度的關鍵，無非是在平台上、或實體店面，都要能帶給消費者良好的體驗，以及不定期的驚喜與刺激。

　　Lydia 每日都會運用不同的設計元素、版型及切入角度，讓網路上的追蹤者感受到 Lydia Beauty 的各種服務細節與溫馨的氛圍，她表示，在資訊流通快速的年代，中規中矩、長篇大論的服務內容介紹，會使得消費者看不到三行字就略過了，但是運用 IG 限時動態，反而能夠像是打游擊戰般，在幾秒之內抓住客人的眼球。例如，不定時推出驚喜優惠價，來推廣某項特定的護膚或除毛服務，或是用短影片來側寫服務現場，讓使用者身歷其境，實際看到 Lydia Beauty 的服務流程。

　　此外，分享客人實際的體驗感受也是展現說服力的好方法，「寫一整篇文章，去論述我的護膚流程包含什麼項目、效果有多好，遠不如客戶現身說法，說在這裡做完臉之後，皮膚滑嫩得不像是自己的臉，短短幾句話來得有說服力。」Lydia 大方地分享自己的成功祕訣。

　　她也強調，美容業者使用 O2O 行銷策略，前提是要展現出身為技術者的專業，不能讓使用者因為客戶好評而前來消費，但是卻得到一個失望的體驗。「消費者因為網路上的好評而來消費，但卻沒有得到滿意的體驗，反而會讓業者被負面聲浪反噬。這也是我從事美業以來，一定會找時間上課進修，讓自己能夠跟得上最新技術的原因，當你的技術不斷成長精進，不但能夠滿足消費者的期望，甚至還能超越期望，這些努力都會化為品牌的正面聲量，跟越加穩定的顧客群。」

圖｜因應現代人吸收資訊快速化、碎片化，Lydia 採用限時動態游擊戰的模式，用各種視覺風格來增加顧客對品牌的好感度

愛美的心情，不因年齡或生活忙碌而妥協

「Lydia Beauty 的客戶主力雖然是年輕的學生或上班族女性等，但最近也有越來越多客人在我這裡體驗完之後，下次就帶著男友、老公或者是媽媽一起來護膚，我認為，愛美沒有年齡或性別之分，只是不同的族群，需要的服務項目或是服務重點會不太一樣。」

Lydia 指出，在服務正式開始之前，諮詢觀察客人的膚況，了解居家保養程序及生活型態，是不可少的環節。通常膚況穩定的客人，一個月進行一次基礎保養，就可以維持毛孔細緻、氣色透亮的素顏美肌狀態，但如果是粉刺量多、常態性長痘痘的問題肌案例，在動手清潔處理粉刺之前，就要先好好的梳理一下整體狀況，推敲問題到底是出在居家保養品、飲食習慣、還是心理壓力所造成。

「例如，可能有些男生飲食、作息等都很正常，但是梳洗完後會習慣拿毛巾擦臉，而全天候掛在浴室的毛巾，在潮濕的環境當中很容易快速滋生細菌，而觸感不夠細緻的毛巾，也可能摩擦傷害到皮膚表層，這樣一個生活上的小地雷，就有可能是痘痘肌的推手。」

其他狀況包括懷孕體質改變、生理期將至、工作壓力等也可能造成皮脂腺過度分泌，而導致毛孔阻塞。Lydia 指出，問題肌的客人可以透過 Lydia Beauty 的淨痘調理課程，或是海洋微晶育膚課程（藻針煥膚）來改善，膚況穩定下來以後，只要一個月固定做一次基礎護膚課程，白天擦個防曬，搭配基礎眼妝，就能光鮮亮麗地出門。

「目前 Lydia Beauty 的護膚課程包括小菲老師所主導研發的海洋微晶育膚課程，以及使用育膚堂產品的抗老課程，從跟著小菲老師學習手清粉刺，到成為夥伴店，一路見證了小菲老師把關『所有』細節的嚴謹程度。從教學、工具選擇、保養品開發到夥伴店培訓，她從來沒有一絲鬆懈，這也是我為什麼會選擇跟小菲老師及育膚堂合作的原因，當你有幸碰到了一

推推魔方課程
也太舒服了吧做到睡著 好放鬆
而且美容師給我看前後對比超好多(嚇
不勤做臉看來是不行了

定期保養後可以讓你更了解自己的肌膚
也讓肌膚維持在最美的狀態，不被年紀所束縛

LYDIA BEAUTY

很好喔～～～很喜歡
每次都做到睡著
完全沒有刺刺的感覺
剛好最近都沒睡好 去補眠

專業技術讓你不用再擔心做臉時總是痛哭流涕的
你說完全《無痛》嗎？不！我絕不說我們是無痛
我只敢說《低痛感》因為每個人的感覺度皆不同
就如吃辣一般，每個人的接受程度與認知所不同
#專業低痛感粉刺毛孔清潔

LYDIA BEAUTY

保養以後都很珍惜我的臉，還好有
LYDIA BEAUTY 每個月都有個放鬆跟非
～常～好的環境讓我打呼

#定期保養找回滑嫩細緻的健康肌膚

@lydia_beauty9

謝謝美女客人推薦
... ✕

今天臨時更換成魔方課程
剛好今天這時段沒人使用 太幸運了
本來還很害怕會電還是什麼 結果根本不會
根本超舒服！！

超過一個月沒有做臉粉刺變超多
美容師真的很有耐心也很溫柔把粉刺清超乾淨
難怪每個月課程真的是都用搶的

太愛這裡了 來了之後就回不去了

大家都好厲害，分享版面也都好美
魔方課程真的是熱銷課程之一
可以剛好遇到優惠可以使用時段真的很幸運

真的別忽略定期保養的重要性
可定期保養維持肌膚最美狀態

個強大又優質的夥伴，借力使力，對於人力資源有限的小型工作室，幫助是很大的。」Lydia 也表示，帶領她入門的 Maggie 老師，以及小菲老師在她闖蕩美業的路途上，都是不可多得的存在，在技術上、經營管理上都毫無保留地提攜著後進，也幫助 Lydia Beauty 紮下了穩固的根基。

　　而除毛、美體按摩及身體肌膚保養，也是 Lydia Beauty 極受歡迎的項目，「台灣處在亞熱帶氣候區，又是海洋國家，到了夏天，想穿著又美又辣的熱褲或比基尼到海邊玩耍、滑水衝浪等，這時候要是泳褲的邊緣有暗沉、色素沉澱，甚至有痘痘，或是腿毛沒除乾淨、腋下毛孔粗大等，那真的很尷尬。」Lydia 補充說明，雖然坊間

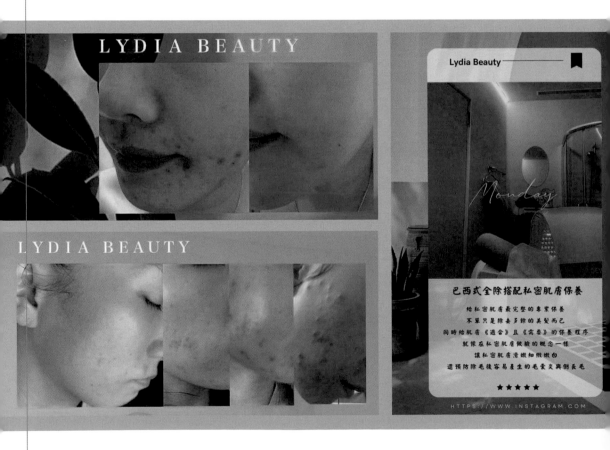

有不少專門的除毛沙龍，但是鮮少有像 Lydia Beauty 包含臉部護膚、臀部及私密肌膚護理，以至於各部位的除毛服務都可以一站式處理完成的美容工作室。「也常常有客人一約就是四個小時、六個小時，從臉部到身體一次進行保養護理，同時放空補眠，當成是工作繁忙之餘的小確幸。」

采耳服務則是 Lydia 基於對奶奶的愛，而去特別學習的項目，「我奶奶九十幾歲了，怕她掏耳朵會傷到自己，我覺得采耳是比較舒緩而放鬆的清理耳垢方式，學會了，我的客人也能受惠。」采耳環節包含用孔雀羽毛製造些微搔癢感，並用音叉快速共鳴舒緩耳道，再進行清理，也是進行護膚或美體課程的客人，經常指定的服務項目。

圖｜愛美不分年齡性別，Lydia Beauty 會根據客人不同屬性及需求，設定專門客製化的服務內容

品牌的加分項目：
除此一家別無分號的特色

　　在諸多經營管理文章中，常見到關於品牌附加價值的討論，「簡單來說，如果我只給得起跟別人一樣的服務內容與體驗，客人並沒有回流的理由，Lydia Beauty 從草創到現在，團隊擴編到四個人，每個月預約時段一出來，都會在短時間內被約滿。我想，一定是客人在 Lydia Beauty 找到了她們一直在追求、而且是在別處找不到的東西。」

　　從 Lydia Beauty 的室內空間裝潢風格，到 Instagram 頁面所使用的元素，不難看出 Lydia 對於低飽和度色彩的偏愛。「我希望讓每個客人一看到 Lydia Beauty 的招牌、一走進我們的空間，就感受到一股簡約、卻能讓她們沉澱思緒又很溫馨的氛圍。」

　　在規劃店面裝潢風格時，Lydia 就希望能引進質樸而幽靜的侘寂美學元素，用弧形的動線規劃，取代一般商業店面的方正格局。暗喻面對時光的流轉、人世的變動無常，任何時刻來到 Lydia Beauty，就像來到一處清幽的世外桃源，遠離外界的紛擾，也排除內心的急躁、憂慮等負面情緒。

圖│Lydia Beauty 的店面裝潢風格採用業界少見的侘寂設計元素，希望來到這裡的客人就像步入一處幽靜的世外桃源

光鮮亮麗的背後：
身心靈都要做好十足的準備

「其實很多人，在真正進入美容行業之前，對於美業都懷抱著迷思，最常聽見的就是，美業工作者每天都打扮得漂漂亮亮，全程在冷氣房坐著服務就好，不像百貨公司專櫃人員要站一整天，或是外勤業務要在風吹日曬下奔走。但是我想強調，漂漂亮亮、外型得體的美業人員，有可能前一天只睡了三小時，熬夜在練技術、練手感等等。」

Lydia 補充說明，光是從小菲老師那邊學師，老師手把手訓練出來的「低痛感清粉刺」，在課後就要花上相當於課堂學習好幾倍的時間，反覆地練習，評估所有可能的狀況跟風險，經歷過所有可能會面對的失敗，才能說是真正學會所謂的「低痛感清粉刺」。此外，所有 Lydia Beauty 所提供的護膚、美體、除毛等技術也都要督促自己精益求精，不斷的擠出工作以外的時間，進修、上課加上反覆的練習。

「每個人一天都只有二十四小時，而身為美業從業人員，不可能說自己『沒有空』去學習，用擠的也要擠出時間。」Lydia 表示，每一位從零開始學習美容業技術的新手，學習曲線都不太一樣，就算是天賦異稟、心靈手巧的學生，學會了技術卻不肯投入時間練習精進，也是無益，相對地，只要肯付出時間與努力，在達到技術水準真正能夠獲得認同之前，絕不放棄，擁有這樣的覺悟，終有成功的一天。

此外，Lydia 也提醒，謹慎選擇把自己引進門的「師傅」，是紮穩技術根底的必備條件。「像我看到課程資訊時，我會提醒自己不要被誘人的價格所吸引，而是要好好的做功課，爬文觀察前輩對於課程的評價與描述，我也是因為有仔細做功課，才能遇見小菲老師這樣的良師兼優質商業夥伴。」Lydia 指出。

「一千個創業者，在被問到『創業困不困難』這個問題時，一千個人肯定都會給出『很困難』這個答案，包括我。不管是當員工或是當老闆，每一份工作都有不為人知的艱辛與困難，能不能成功，能不能存續，關鍵很簡單，就是你要不要而已，該前進、轉彎或是回頭，其實答案都在自己心裡。」

經營者
語錄

"

經營的九十八是人心，

團隊靠著親和力獲得客人的心；

品牌的九十八是文化，

團隊靠著向心力經營著屬於我們的品牌。

呂底亞形象美學
LYDIA BEAUTY

Instagram
@w.x.w.www

Line

KOZY SALON

KOZY
your face worker
可 以 沙 龍

KOOII
肌膚素食・肌孵述實

可以沙龍

打破
美的標準定義

在社群媒體蓬勃發展的現代社會，現代人的審美觀似乎越趨統一，白皙無瑕的肌膚、纖瘦的體態、精緻的五官是許多人心中美的標準款，若不符合這些標準便「不完美」；其實美無關乎臉型、身材、五官，能否擁抱不完美的自己，活出自信更是重要。

提倡正念保養、重啟自然概念的「KOZY SALON 可以沙龍」，對於美有相當多元、開放的想法，他們想陪伴所有的女性，找回最真實的自己，並告訴她們：「妳已經是最美的存在」。

Kozy Salon

日式科技保養技術，
掀起台灣素顏革命運動

　　可以沙龍創辦人 Akiko 對於美給出如此定義：「接受不完美才是真正的美」，每個人真實的樣貌，本身就是一種美，不需要過度改變五官或是跟風追逐潮流，只要透過貼近自然的方式，擁抱瑕疵、呵護自己，即能重拾每個人本自具足的美麗。

　　Akiko 過去曾是一名空服員，她也曾經購買各種護膚品，並且嘗試不同的美容方式，但隨著年紀的增長，她對於費時、沒有顯著成效的保養程序感到厭煩，在多方尋覓下，她找到一項日式保養技術，這項技術不僅能針對個人的皮膚問題，打造專屬的服務，同時也非常有效率，不需再像過往，使用侵入性甚至具有破壞性的美容手段，讓肌膚處在無止盡的「破壞、修復」循環。

　　坊間的護膚保養程序都相當繁瑣，需要疊擦不同產品，或使用不同的儀器與設備，Akiko 希望藉由「科技保養」的技術，簡化冗長又耗時的保養流程，2016 年「KOZY SALON 可以沙龍」正式在台北市創立首間店面，也讓這個來自東京的保養技術，在台灣掀起一波素顏革命運動。品牌名稱將 Akiko 名字中的 K 字用於其中，同時借用同音的英文單字「COZY」，希望能傳達給顧客一種寧靜、舒適的感受。

　　快速、精準、高效是可以沙龍課程的三大特色，課程名稱也非常可愛，具有高度記憶點。能有效提升肌膚澎潤、明亮度的課程取名為「彈澎澎」；深層滋潤肌膚、補充水分，打造滑嫩肌的課程則是「濕露露」；至於使肌膚更緊實、透亮滑嫩，消除疲勞和沈重感的按摩課程則命名為「爽麻麻」，別出心裁的命名讓不少顧客印象深刻。課程名稱雖然散發童趣，但背後其實隱藏高度科技、專業的原理，以「彈澎澎」來說，可以沙龍利用三種高頻振動，構成迴旋動態的物理性作用，按摩、鍛鍊筋肉群能使臉部輪廓線條更明顯，五官也會變得更立體。

圖｜可以沙龍品牌創辦人 Akiko

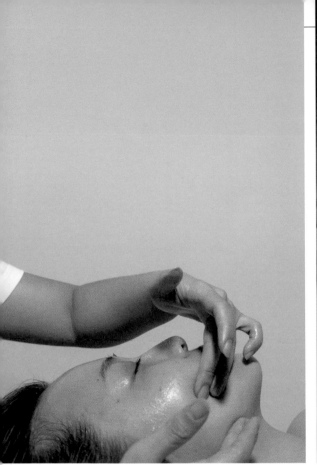

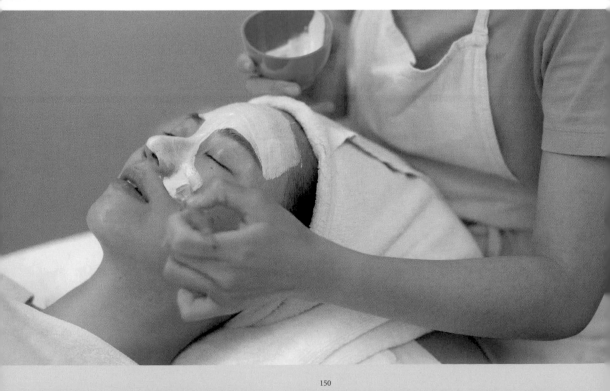

　　另外，所有課程都可以搭配 KOZY 最經典的「膠原蛋白時光機」，透過太陽粉紅光波 633 奈米粉色可視光線，不含紫外線不會讓肌膚變黑；照光 30 分鐘，可以使皮膚保水提升肌膚明亮、紅潤。「膠原蛋白時光機」讓身體達到微循環，溫度會上升至 42 度左右，是一種乾式溫泉的概念，可以幫助肌膚恢復彈性，提升肌膚對環境傷害的保護力，防止肌膚粗糙、修復活化肌膚，並促進新陳代謝。不只是呵護肌膚，全身健康狀態都會有所助益，搭配其他課程可以讓療程效果更加倍，是許多來店客人指定要搭配施作的項目。

　　Akiko 表示：「臉部就像一張具有良好彈性的彈簧床，有足夠的彈性，皮膚也才能更加緊實。我們首創 Face GYM（面部健身）的概念，原理跟健身一樣，只是應用於臉部美容保養，這會讓臉部肌肉變得更加有彈性、緊實及澎潤。」

　　能深層滋潤肌膚，補充水分的「濕露露」課程，不同於坊間保濕課程，只有敷面膜和疊擦產品，可以沙龍相當重視課程中的每個步驟，是否有應用於皮膚該受用的那一層肌膚，因此在濕露露課程中，可以沙龍共有三道工序：第一道是以神經醯胺 B5 導入精華，填補肌膚間隙、防止表皮的水分散失；第二道導入玻尿酸精華；最後一道則以三維立體網狀結構均勻覆蓋表面，形成一層透氣的保護膜，讓皮膚更加潤澤。「每一個工序都有改善肌膚的原理，這也是我們在肌膚保養上很重視的原則。」Akiko 認為正確的保養邏輯，必需有科學支持的保養原理，才能讓保養事半功倍。她舉例，過去許多人想要快速、有效的減肥，因此會使用減肥藥物，但最後卻產生反作用效果，讓身體機能變得更差，甚至陷入復胖的迴圈，但現代人越來越了解運動健身的原理和邏輯，也見證許多有健身習慣的長輩，在年老後依舊有相當挺拔的肌肉與緊實的肌膚，因此在皮膚保養上，現代消費者尋找的也是如同健身原理的保養方式。

　　面部健身的原理也是如此，如果以過度揉捏、刮痧的方式拉扯皮膚，有可能會傷害到肌膚表層，因此臉部真正要運動的地方是更深層的位置，才能有效地讓臉部變得更有彈性。不少顧客在嘗試可以沙龍的課程後，都給出正面的評價，即使不化妝臉部依然豐潤、有精神，毛孔也恢復正常彈性，甚至法令紋、臉部肌肉下垂的問題，皆能看見顯著的改善。

圖上｜課程具有正確的邏輯和原理，才能讓保養功效事半功倍
圖下｜可以沙龍憑藉科技保養，簡化冗長又耗時的保養流程，並讓消費者迅速看見成效

擁有澎潤的水嫩肌，來自正確的保養邏輯與原理

　　儘管顧客相當滿意課程帶來的高成效，卻也造成他們甜蜜的負擔。可以沙龍有個顧客從事業務工作，自從她開始進行保養課程，常常與客戶接洽時，客戶往往無法專心聽她說明，反而會持續詢問她保養的秘訣，這名顧客深感困擾，因此有段時間她決定先暫停臉部保養，改作身體相關課程。

　　這樣的顧客並非少見的「天選之人」，無獨有偶，Akiko 也碰到一名健身教練向她「抱怨」，說每次她在教導學員健身時，學員卻不停地問她：「老師，為什麼你的皮膚這麼好，怎麼做到的呀？」

　　「我當時承接日本這項技術時，完全沒有在別的地方看過類似的作法，我花了許多時間了解這門技術，為何這麼做，以及做完後能帶來什麼樣的好處，我想這也是我們品牌非常核心的精髓。」Akiko 謹慎了解這門保養技術背後的邏輯和思維，並應用於自身，觀察臉部和身體的變化，這讓她更確定自己學習這項技術是正確的決定。由於 Akiko 五官相當深邃立體，從國中時期和同儕出門，都會被誤認為是成人，但近年來，她與小八歲的弟弟出門，不少人都開始以為弟弟是 Akiko 的哥哥。Akiko 笑說：「這真的是保養很有趣的地方，我有時候想，如果現在全家族出去，我好像是看起來最年輕的那個唷！」

　　在可以沙龍，不少顧客體驗課程後，被家人與同事發現自己變得越發美麗，甚至會被家人「逼」著持續保養，顧客也發現一旦開始保養，年限拉長時，臉部肌膚是更為澎潤有光澤，因此確信一套正確的保養邏輯所帶來的美容成效。

　　在短短的 24 小時中，經歷四季的變化，並且時常需要熬夜工作，是不少空服員的日常生活寫照，在乾燥的環境中長時帶妝，往往造成皮膚龐大的負擔。Akiko 擔任空服員時，也像多數人一樣尋覓各種保養品，可謂是個不折不扣的保養狂，但在她發現這項日式技術後，才發現過去走了不少冤枉路。「其實所謂的做好保養，就是讓肌膚能維持正常循環、提升代謝力，如果做到這點，不需要繁複的保養手續、使用琳瑯滿目的保養品，就能讓肌膚變得健康且漂亮，我有時也會想，為什麼以前都沒有人提倡這樣的概念。」

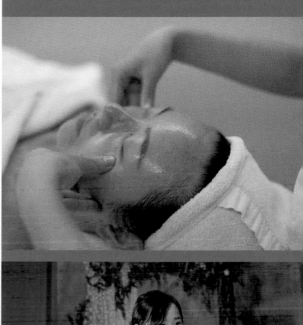

圖左｜
膠原蛋白時光機讓女性有了逆齡的可能
圖右｜
Akiko 認為只要肌膚維持正常循環、提升代謝力，
不需繁複的保養手續，也能讓肌膚健康且漂亮

接受不完美與擁抱瑕疵的侘寂美學

　　當大眾媒體和網路不約而同展示各種 v 型臉、雙眼皮、白裡透紅的肌膚時，儘管人們不能說這些照片不美，但看多了這些幾近完美的照片，有時也讓人感到審美疲勞，況且即使是今日流行的事物，過了數年後也有過時的可能。與其丟失個人特色，追求流水線上的美麗，何不如在不完美中看見美，也接受萬事萬物無常的本質呢？可以沙龍對美的多元詮釋，不僅體現於服務中，在空間設計中，也能感受到 Akiko 鼓勵女性對自己更溫柔些，慢下來，重新與自然連結的提醒。

　　可以沙龍的台北一館座落於敦化北路一樓的老宅中，水泥牆面搭配地上的復古花磚，並用植栽與花藝點綴，使老宅不顯陳舊，反而更透露出少見的歲月餘韻。「我們利用新的元素搭配這個老宅本有的花磚，就像是我對於美容的概念，你不需要擁有雙眼皮、或是重新改造你的五官，原本的你就已經非常美，可以沙龍只是協助你提升美麗的層次。」Akiko 補充。

　　台北二館則應用根源於禪宗與茶道的「侘寂」美學，侘寂最初被視為一種簡樸、克制的欣賞方式，今天則代表一種能接納無常和萬物缺陷的態度，因此，在設計台北二館時，Akiko 希望能傳達出一種不過度掩飾，稍稍清除多餘瑕疵，就能還原出每個女性的美好本質，並打從心底珍惜善待自己的理念。在台北二館中，能看見牆面上粗獷的紅磚、斑駁的水泥結構、凹凸不平的老櫥櫃，以及零拋光的木頭，每個細節都提醒著顧客：擁抱瑕疵與不完美，優雅地面對身體和肌膚的各種變化，更專注生命中真正對自己重要的事物，「這種不完美的美，帶著簡約和寧靜的本質，希望能透過空間的氛圍呼應我們對美的詮釋。」

圖上｜簡約且寧靜的空間，呼應可以沙龍對美的詮釋
圖下｜每個角落都透露出老宅的餘韻，植栽與花藝的點綴，讓整體空間更具生命力

與其說是美容沙龍，不少顧客來到台北的兩間店面，更覺得像是一間優雅的茶藝館，然而這個特色僅在台北店面獨有，可以沙龍在台中和高雄店則創造出截然不同的風格。「一直以來我們都希望品牌能夠同中求異，並且具有在地特色，因此拓店時，我們針對台中和高雄的地方特色與當地居民的樣貌，設計出不同風格，在高雄我們打造的是咖啡廳的風格；台中館由於地點選在七期，整體感覺就較為奢華。」詢問 Akiko，北中南分店的風格都有各自的特色，會不會降低品牌的識別度呢？Akiko 的回答也相當具有侘寂的智慧，「這有點像是人在每個階段都有不同的喜好，像是青少年時期，你會突然想要染個金髮，或是剪短、燙捲，當時在經營品牌時，老實說我們不知道自己能走多遠，因此我們就是擁抱當時人生中的喜好。」

　　從創立可以沙龍至今已過了六個年頭，品牌未來發展的方向，也變得更加明確，「未來展店時，我們會傾向以台北店的老宅風格，再拓展據點到不同縣市，至於是哪些縣市呢？只要高鐵到的了的地方都可以。」Akiko 笑說。

圖右｜高雄館的空間營造宛如座落於巴黎左岸的咖啡館，台中館則有相當浪漫的奢華氛圍
圖左｜日式侘寂美學沒有過多的裝飾，卻帶有一份平淡寧靜

天然、動物友善的 KOOII 保養品，適用所有膚質

對於愛美的女性而言，保養並非是件一蹴可幾的事，而是需要時間的積累，可以沙龍服務過不少問題肌膚的顧客，也讓 Akiko 發現不少顧客使用的保養品，並不真正適合他們的膚質，甚至反而是造成肌膚問題的元兇。2020 年可以沙龍推出保養品牌「KOOII」，希望幫助顧客找到合適的產品，並積極研發適合所有膚質的保養品。

過去 Akiko 在擔任空服員時，需要頻繁地保養，當時她會購買專櫃的保養品，但三、五千元或是上萬元的產品，常常幾個星期就用罄，造成經濟上龐大的負擔。「如果因為買昂貴的保養品而造成經濟負擔，我想就算擦了也不會覺得快樂，不快樂的心情更遑論變漂亮呢？因此我們創立 KOOII，希望以合理的價格，讓消費者居家保養時沒有任何負擔。」Akiko 說明。

不少顧客相當喜愛歐美品牌的產品，但有些產品高油脂、高滋潤度，在台灣這種炎熱潮濕的氣候使用，反而容易對肌膚造成傷害。在開發保養品時，Akiko 特別關注產品的質地，「以現在台灣濕熱的天氣來說，其實我們可能只需要擦到凝露質地的產品，有些非常乾性的肌膚，偶爾使用油類也沒問題，但不需要天天都這麼做，因此在開發產品時，我特別在意產品質地跟濕度的對應。」KOOII 的

每一種材料、產品皆以為易敏膚質設計為出發，也適用於酒糟性肌膚，溫和不刺激的成分能給予肌膚天然的呵護。第一階段的品牌目標，希望能做到安心、安全，全系列產品皆經過 SGS 檢驗把關認證，產品使用天然且具有愛護地球的成分，同時不添加刺激香料、人工酒精、矽靈、礦物油、化學色素、螢光劑、SLS、SLES、重金屬及動物成分，並不在動物身上進行實驗，動物友善的純素保養，希望每一種膚質的顧客都能安心使用。

KOOII 也考量到大部分的女性，在保養品上多少都會累積庫存，因此在開發產品時，Akiko 也特別考量到「平衡」、「百搭性」，希望產品能和消費者已有的保養品和諧地搭配。Akiko 表示：「我們在幫助顧客挑選居家保養的產品時，不會一次要她換掉所有手上的保養品，而是讓她先使用 KOOII 的一兩項產品試試看，再感受肌膚的變化，而非一次就需要購入全套。」

如果說美容師像是顧客肌膚保養的守護者，產品 KOOII 就像是顧客的摯友，能以平衡的方式，幫助顧客肌膚回到健康狀態，再搭配飲食、運動與保養，讓每個女性都能有與素顏重新和好的可能。

圖｜KOOII 的每一種材料、產品皆以適用於易敏膚質的方向出發，也能用於酒糟性肌膚

美,不只是皮囊,更來自靈魂的深處

蔣勳老師曾經這麼說:「美可能是一種信仰,它跟靈魂一樣,到現在都沒有辦法被完全地證明,可是它存在與否,對人類文明有非常大的影響。」人類對於美的不懈追求可說是鑲嵌在 DNA 中,美讓人變得更有趣味,也促使人們更加熱愛生活,甚至為世界增添豐富的色彩。關於美,可以沙龍希望能從外貌的層次,深化進入每個人的心中,因此沙龍不定時舉辦各種課程,邀請顧客與他們一起創造、發現、覺察美的各種面貌。

可以沙龍過往舉辦過毛線織槍、插花、流動藝術、手捏陶、療癒製燭等課程,每一項課程都透過不同媒介帶領學員感受美,也為自己帶來一絲療癒的可能。「我非常喜歡學習,因此有任何優質的課程或講師,我也希望能夠分享給我們的會員,可以沙龍會在不影響營運的狀況下提供場地,讓大家一起參與課程。」Akiko 表示,在這些課程的規劃中,不只於五感上學習與感受美,更希望參與的學員能在忙碌生活中,有個療癒的空間重新與自我連結。

Akiko 更將昆達里尼瑜伽規劃入員工訓練中,昆達里尼瑜伽是利用呼吸、體位、手印、梵唱等方式鍛鍊身心,能為身心靈帶來寧靜和平衡。教授課程的謙謙老師這麼說:「瑜伽是非常良好的生活工具,可以應用於各式各樣的生活狀況,如果每個人都能更精實的生活,世界也會因自己而更美好。」這也是 Akiko 一直希望能做到的,幫助每個人在本然具足的美好面貌中,增添更多美好的元素,也讓社會對美有更寬闊的定義、對美的詮釋更加包容,並讓世界「因我存在」而美好。

可以沙龍的品牌願景開宗明義說到:「美,不只是膚淺的,而是生活的;美,不只是皮囊的,而是靈魂的。美,不是來自外來的肯定,而是內心散發的;美,是生活的態度,是智慧的累積,是人生的體驗。」藉由這些課程,每個人都能浸淫在美的氛圍中,讓美不只存在於外貌,更從靈魂中由內而外散發出光芒。

圖│美麗從來不只是在外貌上,更是人們從靈魂由內而外散發出的光芒

經營理念：
正念積極，利他共好，覺知成長

詢問 Akiko 從創業到現在，是否有碰到比較難忘的挑戰？她認為由於自己最初創業是從一人的美容工作室開始，但隨著營運規模的擴展，開始需要帶領團隊，因此花了較多的心思，思考如何領導團隊、與夥伴相處。「不久前有一個離職的夥伴傳訊息給我，他表示很感謝遇見我，讓他有機會學習、也成長很多，我一直都覺得，每個人都是彼此的老師，即使夥伴說我教導他們東西，但我相信他們教了我更多，與每個夥伴相處都像是汲取他們的精華。」，隨著 Akiko 有了管理領導的經驗，員工也與其建立起相當緊密的關係。

創業過程的第二個挑戰則是個甜蜜的負擔，可以沙龍在創立第三年時，就陸續開始出現顧客滿載的狀況，為了消化滿載的顧客量，團隊只好重新設定計劃，開設台北二館服務更多的顧客。由於營運狀況頻頻創下佳績，Akiko 開始思考要讓可以沙龍更加制度化、規模化及企業化，「我們從今年開始推行內部創業機制，希望夥伴除了薪資獎金外，也能分享營運成果，夥伴能以他們最熟悉且具優勢的方式，一圓創業的夢想，我相信這會為彼此創造更好的狀態。」

可以沙龍的品牌經營從「正念積極、利他共好、覺知成長」作為出發，管理階層和員工彼此間，都以「夥伴」相稱，即使身為老闆，Akiko 也認為自己只是團隊中的一份子，因此在做任何決策時，都希望能做到「利他共好」。除此之外，可以沙龍每個月也會將一日一成的營業額，捐贈給不同的非營利機構，從企業出發擴大良善的美好循環。「我們一直以來都想要將所得回饋社會，因此會請大家提供我們不同機構的名單，讓我們能輪流捐款給這些機構，這是實踐社會企業責任的一種方式，但這不會是唯一的方式，一個企業若能善待他們的員工或廠商，也可說是承擔了企業社會責任。」Akiko 表示。

圖上｜
正念積極，利他共好，覺知成長是可以沙龍的經營理念，夥伴之間有著如家人般的感情

圖下｜
Akiko 和丈夫、小孩的合照

打造品牌親密度：
親力親為，
與顧客建立深刻連結

即使現在可以沙龍已擴展至四間店，Akiko 依然維持著過往服務顧客的熱情，她仍在社群媒體擔任第一線回覆人員，不少顧客都像是 Akiko 認識已久的好友。身旁的工作夥伴認為這就是 Akiko 迷人的特質之一，她總能給身邊女性很多的啟發和安全感，透過這種看似簡單的訊息回覆，也能讓顧客感受到她真心的關懷。Akiko 的工作夥伴說：「有時候我們常常都覺得 Akiko 做得太多了，但對她而言，這些事情就像是呼吸那樣般自然。」

Akiko 表示：「由於社群媒體和通訊軟體的發達，我們與顧客的距離縮短不少，顧客也很樂意與我們分享自己的事，我們很享受能與顧客有如此緊密的關係，了解她們生活上大大小小的事情。」

美麗向來沒有公式可循，一百種面容存在一百種美麗，裹著頭巾，微笑時露出皓齒的穆斯林女孩；跳著弗朗明哥舞蹈，身形豐滿的西班牙婦女；曬得黑裡透紅，臉頰上佈滿雀斑的南法姑娘；在大草原上自由地赤腳奔跑，皮膚黝黑的非洲女孩，無論她們是否符合人們對美的定義，但當一個人能做最舒服且自信的做自己時，「即使不完美，也可以」。

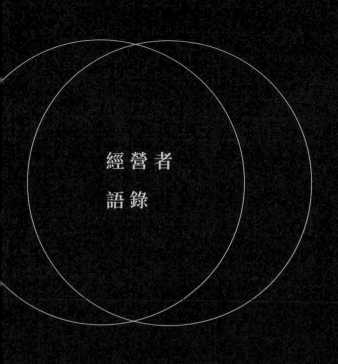

"

讓世界，對美的定義更寬闊、

對美的標準更寬容；

眼睛所見，心之所感。

每一寸肌膚、每一次呼吸，

每一個細胞的誕生與衰退，

都沈浸在美的氛圍。

愛美，當然可以。

可以沙龍
KOZY SALON

公司地址
《台北一館》台北市松山區敦化北路 222 巷 6 弄 7 號 1 樓
《台北二館》台北市松山區敦化北路 222 巷 27 號 1 樓
《台中館》台中市西屯區市政南一路 9 號
《高雄館》高雄市鼓山區美術東四路 702 號

聯絡電話
《台北一館》02 8770 7880
《台北二館》02 8770 6116
《台中館》04 2255 3353
《高雄館》07 5527 377

Facebook
KOZY SALON 可以沙龍

官方網站
Kozysalon.tw

Instagram
@ kozy_salon

PERMANENT MAKE UP

沛儷
PERMANENT MAKE UP
絲佳
紋繡美學

沛儷絲佳紋繡美學

講求技術
與
藝術的完美結合

Permanent Make UP

在都市緊湊的生活節奏中，不少女性過著蠟燭兩頭燒的忙碌生活，有時在早晨的捷運或火車，甚至能看見女性拿著鏡子化妝、趕上班的畫面，如何有效地省下時間並維持美麗外貌，著實讓不少人傷透腦筋。近年來半永久妝容成為美業的新潮流，從霧眉、飄眉、紋繡眼線、唇妝到髮際線上色，都讓女性們趨之若鶩，甚至也有男性嘗試半永久妝容，提升容貌的吸引力。

位於台南佳里區的「沛儷絲佳紋繡美學」創辦人王佳儀，是近年來在紋繡界格外受到注目的美容師，她憑藉過人的美感和細膩的技術，讓不少女性終於擁有「和素顏和解」的勇氣，再也不需早起化妝，仍能維持元氣十足的樣貌。

如同生命共同體的品牌，
提供最細膩優質的服務

　　色彩絢麗繽紛多變的花朵、天空中緊簇的雲團，從國中時期，佳儀老師就喜愛各種美的事物，對於美感的啟蒙，她比其他的孩子更早、也更有天分，因此從國中開始便學習美容，並於畢業後半工半讀、正式踏入美業，至今她已有二十年以上的美容資歷。

　　2014 年佳儀老師決定創立個人工作室，起初她在一間美髮院二樓，租下一個小小的空間，儘管空間沒有連鎖沙龍那樣豪華氣派，但不少顧客在第一次體驗她的好手藝後，便成為忠誠顧客，這增添了佳儀老師對創業的信心，隨後她便正式在忠孝路上租下店面，也讓沛儷絲佳獲得了更多的關注。

　　佳儀老師以自己名字中的「佳」字，將品牌命名為「沛儷絲佳」，象徵這個品牌與她如同生命共同體，必需小心呵護，將各種看似不起眼的小事情做到極致，同時，她也提醒自己要以最專業的手法，用心、貼心、細心地服務顧客。

　　紋繡不只是一門美容技術，更是一種藝術，近年來紋繡價值不僅展現在美容產業，更延伸至醫學領域，紋繡師甚至能為有掉髮問題的癌症病患，做出仿真毛囊，業界培養出不少優秀的紋繡專業人士，並有各種國內外比賽，邀請各國紋繡師參與。

　　佳儀老師相當熱愛挑戰，這些年她在紋繡領域囊獲不少大獎，並受邀擔任評審，她曾榮獲 TNL 比賽最佳紋繡師最佳技術獎，並擔任 CIP 國際紋繡評審、2018 年台北國際髮藝大賽紋繡評審、2019 年國際盃評審長、2019 年第三屆國際青年創業美學紋繡評審長和 2020 年國際美容美髮大賽紋繡評審，同時她也取得 IICE 國際紋繡證照、TNL 紋繡國際證照。沛儷絲佳店內牆面可看到佳儀老師過往到處征戰的戰績，每一張獎狀、獎牌和獎盃都說明，她在紋繡領域付出難以想像的龐大心血。

圖｜沛儷絲佳紋繡美學創辦人王佳儀

針針細膩、高度美感，
一對眉毛即能讓你美出新高度

　　每個人的五官中，除了雙眸最能表情達意，其次最能表現個性的部位就屬眉毛了，古人曾這麼說：「面之有眉，猶如屋之有宇。」雙眉可說是外貌中不能忽略的重點。在沛儷絲佳，最熱門的明星項目莫過於眉毛紋繡，眉毛紋繡近年來再也不是女性的專利，許多男性也嚮往一對英挺、能表現個人氣質的眉毛。

　　目前沛儷絲佳的眉毛紋繡分為三種類型：定妝漸變眉、水墨眉和男士仿真眉。以定妝漸變眉來說，看似區域不大的眉毛，佳儀老師就分成八區施作，相當仔細。「一對眉毛分八區，一針針細膩的操作，才會營造出一種本自具有的毛髮蓬鬆感、視覺效果才會更仿真，有自然堆疊的立體漸層感，操作過程中完全不痛，也不會有尷尬的修復期。」

　　不少顧客做完眉毛紋繡，對於成品都相當滿意，不僅增添五官的優勢，而且格外自然，幾乎身旁的人都沒有發現自己的雙眉曾經紋繡過。佳儀老師補充，一般人的眉毛通常不會一模一樣，有些地方可能有空洞或是前面多、後面少，因此即使沒有毛髮的地方，仍會完全銜接有毛髮之處，不會產生任何斷分，這也是顧客相當驚喜的效果之一。

圖｜一走進沛儷絲佳就能在牆上看到佳儀老師過往的好成績及受邀擔任評審的證書

　　除了能做出顧客喜愛的效果，佳儀老師還有一個強項，由於她過去有著十五年新娘秘書整體造型資歷，從事紋繡時，她也會根據顧客的五官、臉型、氣質、個性、膚色、髮型和職業打造最適合的眉型。「如果今天顧客是個有氣勢的主管或老闆，設計無辜的平眉其實相當不合適，因此我必需根據每個人的特質，客製化不同眉型，才能讓眉毛為整體加分；此外，有些顧客從事教育或公職，這類型的顧客會偏愛低調、自然的風格，因此設計眉型時，也必需了解顧客的職業。」佳儀老師補充。

　　現在坊間的眉毛紋繡價格差異非常大，甚至能看到兩千多元的低價，但也不難在日常生活中，看見許多人頂著紋壞的眉毛示人。佳儀老師認為，眉毛能做出仿真立體感即是需要「加減法」，眉毛濃的地方做減法，眉毛稀疏之處則用加法補足，讓整體眉毛融合在一起，因此眉毛紋繡其實沒有公式可言，非常考驗紋繡師的美感。

　　若眉毛紋繡個個都像是工廠流水線上的標準眉毛，那麼即使能做出漂亮的成品，也不算是個屬害的紋繡師。佳儀老師設計眉型時總是精雕細琢，仔細地觀察顧客五官、眉棱骨的高低，以及臉型是否平衡對稱，為顧客設計出最適合的眉毛。

沛儷絲佳近年也迎來不少男性顧客，他們尋求佳儀老師的協助，希望透過調整眉毛，增添外型上的質感，因此這幾年佳儀老師男士眉毛紋繡的技術又更上層樓，成品完全讓人看不出是經過紋繡而產生的效果。「過去跟許多老師學習，教法上都會告訴你，大概要做出幾個毛流或是第幾根毛流要怎麼走，但現在不一樣的是，我會根據顧客的條件去設計毛流，因此這些毛髮在視覺上就宛如從眉毛毛囊中生長出來的，完全沒有違和感。」

　　由於佳儀老師的眉毛作品非常自然也相當耐看，吸引不少人慕名而來，沛儷絲佳還提供 3 個月內免費補色一次以及 15 個月內回訪能獲得半價優惠的服務。為了協助顧客能有最佳的留色狀態，沛儷絲佳還會附贈專屬的修護包，確保顧客眉毛留色效果更佳，在忙碌的現代生活中，透過半永久眉毛紋繡，不僅讓現代人省下化妝的時間也省下化妝品的費用，可說是一舉兩得。

佳儀老師施作：

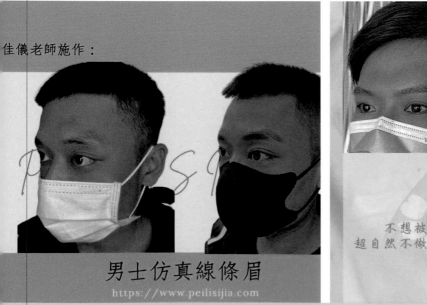

男士仿真線條眉
https://www.peilisijia.com

女孩們的小心機：營造雙眸靈動深邃感的眼線紋繡

近幾年在紋繡項目中，除了眉毛，眼線也是一大重點，眼線紋繡讓女孩們不用化妝就能營造深邃雙眼，並為她們省下大把卸妝時間，每次施作後能維持數年的時間，深受許多學生族群和上班族的喜愛。沛儷絲佳的眼線分成三款：心機隱形眼線、心機美瞳線和星空美瞳線，每一款都別具特色，深獲不同類型女孩的喜愛。

「心機隱形眼線」只會在睫毛根部填滿眼線，妝容非常自然，能達到「張眼有神、閉眼無痕」的效果；「心機美瞳線」則在睫毛根部往上 0.1 公分處，做出具有妝感效果的內眼線，讓眼睛能有宛如戴上放大片的靈動無辜感；最後則是「星空美瞳線」，這可說是在所有眼線紋繡中，最費工的一項技法，需在眼睛邊框點出自然漸層妝感，效果非常細緻，也因此極度考驗施作者的技術與耐心。

圖左｜佳儀老師施作在男士身上的仿真眉，宛如毛髮從毛囊中自己生長出來的，視覺效果相當自然
圖右｜針對臉型、五官、眉骨和顧客職業與氣質設計出的眉型，讓顧客不需要化妝，就能擁有好氣色

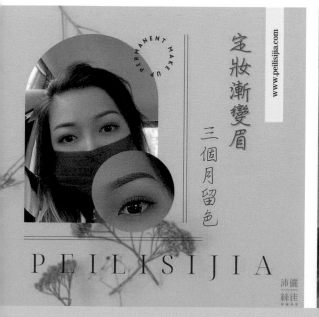

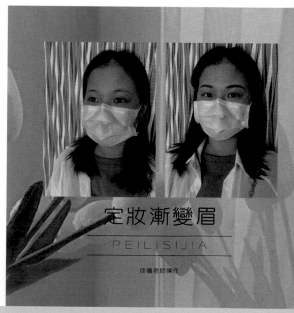

定妝漸變眉

沛儷
絲佳
PERMANENT MAKE UP
紋繡美學

After

PEILISIJIA

Before

佳儀老師施做

定妝漸變眉

心機美瞳線

NEW DROP
THIS WEEK

CHECK OUR WEB STORE NOW!

沛儷絲佳紋繡美學

佳儀老師認為半永久妝容最美妙之處，在於能以最自然的方式達到「素顏宛如化妝」的氣色感，為了讓眼線紋繡更加耐看，佳儀老師堅持不拉眼尾線條，因為若在完全沒有化妝的狀況下，拉出眼尾線條會看來格外突兀，同時，還有一項好處是，沒有紋繡眼尾線條也能保持化妝時勾勒眼尾的彈性。

不少紋繡師為顧客紋繡眼線後，前期成品都相當好，但後期眼線就慢慢開始發藍，有可能是因為手法問題，入針過深時，皮膚出現組織液、血液，讓色料與血液融合，後期便有發藍的狀況。佳儀老師表示，施作眼線紋繡有一個安全範圍，不能做太寬，一旦太寬就有暈色的可能性，因此施作時，顧慮到後期眼線的留色效果，她傾向採取較保守的作法。

圖上｜將眉毛分成八區，一針針細膩操作，才會營造出自然的毛髮蓬鬆感

圖下｜眼線紋繡非常考驗紋繡師的經驗與技巧，佳儀老師的成品在初期完美，後期也相當自然

在不同時代、年齡或生活背景中，每個人形塑出來的審美意識不盡相同，因此美感具有相當主觀的差異，尤其在網際網路發達的時代，打開社群媒體能看到不少經過化妝、修圖而產生的美照，也容易誤導消費者的審美意識，而拿著完全不符合自己五官的照片，詢問美容師是否能做到同樣的效果。

佳儀老師也曾碰過顧客拿著明星的照片諮詢，甚至提出不太適合顧客本人的要求，佳儀老師總會耐心地聆聽需求，並一一針對顧客五官的比例、大小、寬窄給予最合適的意見，有時也會拿出失敗的照片，與顧客溝通每一項施作背後要注意的細節是什麼，若是忽視這些細節，很有可能就會造成失敗的妝容。

不少顧客都認為佳儀老師非常的親人、好溝通，從不會仗著美容師的專業，不願聆聽顧客的需求，而能就顧客的期待，結合自己的經驗和專業，給出最佳的完美方案。由於佳儀老師也略有涉獵面相學，施作時，她會貼心地為顧客思考，如何能具有高度美感又兼顧面相學道理，為顧客做出好運勢、高人氣的樣貌。

一親芳澤！
宛如新生兒般的水晶嘟嘟唇

如果問一個女孩，今天只能使用一種化妝品，那會是什麼呢？相信許多女孩都會回答「口紅」，口紅對於女性來說是生命般的存在，但是在疫情期間，許多女性都有口紅沾染在口罩上的窘境，反覆疊擦口紅導致顏色不均、唇框發黑等惱人問題，在疫情的發展下，意外帶動女性做唇部紋繡的需求。

佳儀老師表示：「部分口紅品牌都曾被查出含有重金屬，因此塗口紅在根本上很難解決唇框深同時又缺乏顏色的狀況，因此我規劃了『水晶嘟嘟唇』課程，希望幫助顧客以最自然、無毒的方式，得到宛如新生兒水嫩的嘴唇顏色，讓嘴唇回復到最具光澤、滋潤的狀態，如同擦上口紅時有元氣的氣色。」

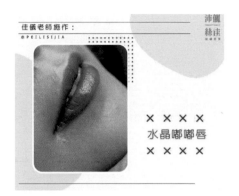

佳儀老師施作：
@PEILISIJIA

沛儷
絲佳

×××× 水晶嘟嘟唇 ××××

許多女孩在體驗水晶嘟嘟唇後表示，施作時不太有疼痛感，結束後也完全沒有腫脹的感覺，後續結痂不厚重而且能快速恢復。女孩們都相當感嘆美容技術的迅速發展，因為這項技術而省下購買口紅的金錢和化妝的時間，可說是個非常棒的投資。

近年來紋繡不只應用於眼線、眉毛和嘴唇，也能應用於頭髮上，沛儷絲佳的「仿真繡髮術」即是以紋繡眉毛的原理應用在髮際或頭髮較稀疏的部位，編上仿真毛流，讓視覺看起來更自然豐盈，許多人由於額頭較寬或高，仿真繡髮也能達到調整臉形的效果。

圖左｜水晶嘟嘟唇課程能讓嘴唇回復到最具光澤、滋潤的狀態，宛如新生兒水嫩的嘴唇顏色

圖右｜佳儀老師懷抱巨大的教學熱情，希望能傳授一身好功夫，也讓學員能在學習時少走冤枉路

手把手的系統性紋繡教學課程，兼具理論與實務

2018 年統計，全台灣有近一萬名紋繡師，若以每個項目收費一萬二千元估算，每個紋繡師每個月施作二十個顧客，一年產值高達 280 億元，然而，這僅是提供服務的產值，尚不包含紋繡周邊的產品銷售及授課等收入。近年來不少人看到商機，也前仆後繼來學習紋繡，如果認為紋繡只是一門美容技術，那麼就太小看這項專業了，紋繡更像是一門結合醫學、色彩學、皮膚學、科學、光學的綜合性藝術。

除了服務顧客外，佳儀老師也希望能將自己的一身好功夫，傳承給對紋繡有興趣的人，因此她規劃一系列的課程以小班教學的模式，手把手地傳授紋繡技術。

由於紋繡可說是個「水很深」的領域，想要短期速成可謂是癡人說夢，佳儀老師規劃 12 堂課程，並且設計作業，要求學生課後必須獨力完成，課程內容濃縮了佳儀老師多年的經歷，以及她在韓國和中國大陸等地學習的精華，完全不藏私地教導學員。佳儀老師說：「我不僅非常重視理論，還規劃兩次真人模特兒實作，會觀察學員在真人施作的狀況，確保學生能學以致用，若是學生非常勤奮地練習，或許能縮短學習時間進入到執業的階段。」

教學上，佳儀老師總是充滿熱情，希望能將她的所有，毫無保留地傳授給更多人，

但她同時也提醒想踏入美業的人，必需先確保自己是否真的有興趣。「如果學習美容技術只是為了賺錢會非常痛苦，但若是有興趣與熱忱，就不容易在學習紋繡或工作時半途而廢，我不希望學生浪費時間和學費，必需要好好地了解自己對紋繡是否有熱情。」佳儀老師語重心長的表示。

一旦確定自己有興趣，佳儀老師提醒學生，學習時就該有為未來「超前部署」的規劃。她建議初學者學習時，可以在社群媒體上發表貼文、拍照打卡，讓親友知道自己每次學習的階段性成果。「你必須讓親友知道自己很認真地學習，等到學成後，身邊自然會有親友想要找你做紋繡，因此想要創業的學員，最好先佈局，一次次曝光自己在美業學習的成果，那麼身邊的親友必定會對你產生信心。」

另外，佳儀老師也不停鼓勵學生必需多多參加比賽，即使沒有得名也沒關係，透過比賽能激勵自己持續不停的練習，若是得名還能增進信心，持續不斷地專研這門藝術，並研發出專屬於自己的風格和特色。

圖左｜手把手的教學確保學員能熟稔紋繡技術
圖右｜佳儀老師懷抱巨大的教學熱情，希望能傳授一身好功夫，也讓學員能在學習時少走冤枉路

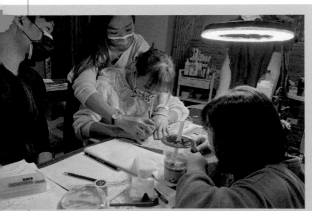

在佳儀老師的細心教導下，學生表現可圈可點，可謂是青出於藍勝於藍，從國內到國際賽事，學生表現優異，分別在 2018 年的苗栗縣國際美容美髮大賽奪下冠軍和特優兩項大獎；2020 年第八屆國際美容美髮大賽，也保持過往的好成績，拿回十五個獎盃；更在 2021 年第五屆青年國際創業美學競賽，拿下一個亞軍兩個季軍，每項佳績都讓佳儀老師為學生深感驕傲。

除了教授紋繡理論與實作，佳儀老師也會提醒學員創業時，該了解的成本計算、店務營運、法規細節、員工管理等面向，讓學員的事業能盡快步上軌道，此外，她也相當願意分享沛儷絲佳的空間，「如果初期學生和他們的顧客不覺得沛儷絲佳太遠的話，也能使用我們這裡的空間和設備，這樣能減少初期每月負擔租金的壓力，而且比起在家中隔間的工作室來說，有店面的空間能提升整體的服務質感，也能提高收費。」佳儀老師無私地分享自己的知識與資源，可說是學生們的好福氣。

有些學員在尚未學習紋繡之前，覺得一對眉毛的紋繡要價八千至一萬元，收費太昂貴，但學習過程中碰到各種瓶頸與挑戰後，才發現紋繡並沒有想像中容易，無法一蹴可幾。佳儀老師也會鼓勵學生，學成後開始創業，千萬不要低價競爭，必需要有自信並持續專研、進修，讓自己做到比顧客需求更高的水平。

圖左｜佳儀老師的學生榮獲 2019 年桃園市國際創作美學紋繡季軍
圖右｜學生橫掃 2020 年第八屆國際美容美髮大賽帶回十五個獎盃

難以言喻的成就感與信任感，
保持恆溫的服務熱情

　　根據美國心理學會的最新研究指出，今年在各行業中的職業倦怠已破了最高紀錄，在長期工作下，不少人開始發現自己對工作缺少興趣，以及三成以上的人有認知疲乏、情緒耗竭的情況；44% 的人感覺身心相當勞累，而疫情之後有職業倦怠情況的人比 2019 年增加了 38%，世界衛生組織也在 2019 年首度將「職業倦怠」納入《國際疾病分類》中。

　　職業倦怠的現象在美容美體產業，並非是新鮮事，但對於已從事美業二十年的佳儀老師而言，卻完全沒有這樣問題。「能夠親手將一個人改造的更漂亮、皮膚更好，可說是我最大的成就感來源，顧客不僅感謝你還會支付酬勞，這種成就感真的難以言喻。」除了成果受到顧客肯定，能維持佳儀老師工作時恆溫的熱情也來自於顧客的信任感，曾經有位顧客相當滿意紋繡的成果，這個顧客持續介紹親友前來消費，總共為佳儀老師帶來了 29 位新顧客。

　　美容不只是個提升外貌的技術，幫助一個人獲得自信心與幸福感，更是一個重要的價值，曾經有名顧客在臉書上打卡貼文，分享自己在沛儷絲佳的紋繡體驗，當時這名顧客有個女性視障朋友，也希望能體驗，因此便請她協助介紹。

　　這位女孩在學生時期由於嫩白的肌膚，和出眾的外型在當時被一致公認為校花，但一場嚴重車禍的重擊下，導致她的臉部嚴重變形，可算是全臉毀容，儘管經歷多次的手術，外貌依舊無法回覆到昔日的光彩。當時這名女孩由父母陪同來諮詢眉毛紋繡，才剛踏進門，佳儀老師就差點落下眼淚。「她的皮膚真的好白好漂亮，但是五官完全不在原本的位置，我真的很難想像經歷這場車禍後，她是如何調整自己的心情。」儘管紋繡無法撫平女孩外貌的創傷，但佳儀老師仍舊希望能透過專業的技術，盡力幫女孩做出一對最美的眉毛。服務結束後，女孩還問媽媽：「我這樣漂亮嗎？」，媽媽也連連稱讚，周遭好友也告訴女孩，紋繡的眉毛讓女孩變得更加有精神也更美了。由於這個女孩的回饋，更讓佳儀老師下定決心，不管碰到任何事都要保持樂觀的態度，學習女孩的精神。

圖｜佳儀老師認為無論是創業或是人生碰到任何挑戰，都要保持樂觀的態度

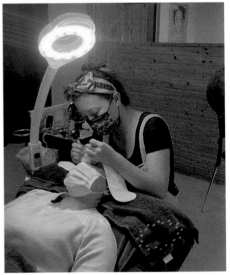

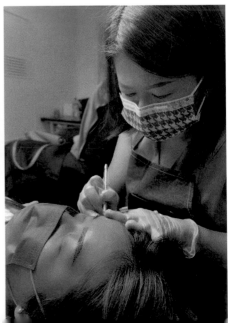

　　在台南一談到紋繡，不少人都會大力推薦沛儷絲佳，不僅是因為佳儀老師有絕佳的手藝，更是因為顧客相當喜愛她體貼、有同理心的特質，有時顧客想要補色，但佳儀老師評估後發現沒有必要也會直接告訴顧客，替她們把錢省下來，顧客因而笑她：「哪有人像你這樣，捧錢來請你做還不要。」但佳儀老師認為一定要站在顧客的角度著想，把他們當作自己的家人，才會真正住進顧客的心裡。佳儀老師說：「身為美容師很容易讓顧客對你產生依賴感，顧客很多大大小小的事情，像是看中醫要如何挑選等等，也會時常詢問我的意見。」

　　沛儷絲佳營運至今邁向第七個年頭，從二樓的個人工作室，到大街上的沙龍店面，佳儀老師憑藉她的專業與細心，擄獲許多顧客的心，沛儷絲佳去年起也規劃加盟機制，邀請美業工作者一同合作、彼此加乘，在美業市場繼續創下更多的佳績。

圖左上｜沛儷絲佳員工相當有默契，有著如朋友般的感情
圖左下｜整齊、乾淨且寬敞的空間，讓顧客每次到訪時都備感放鬆
圖右｜沛儷絲佳同時規劃加盟機制，邀請美業從業者一起合作

經營者
語錄

"

智者創造機會、強者把握機會、弱者等待機會，

無論紋繡帶給你的是臉蛋上的美麗，

或是終身的志業。

追尋技術精進的意志，努力一點點，

就能收穫一點點，一切的耕耘最終

會化成甜美的果實，滋養成一片花園，

直到擁有自己的滿山花野。

沛儷絲佳紋繡美學
Permanent Make Up

公司地址
台南市佳里區忠孝路 130 號

聯絡電話
0913 180 107

官方網站
Peilisijia.com

Facebook
沛儷絲佳紋繡美學 - 霧眉 / 眼線 / 嘟嘟唇 / 改眉 / 髮際 / 教學

Instagram
@ann_7035055

Line
@plsj.amma

PENNY SPA

細膩和用心
感受的到，
專業而有溫度的
多元美容美體中心

每回休憩時光一到，有人喜愛坐在書桌前沉穩地閱讀一本好書，有人醉心於到購物商場欣賞流動中的繁華市井，而有人選擇走入一間能夠體貼、呵護，並讓自己的身心靈完全放鬆下來的美容沙龍，來到 Penny Spa 的客人們就屬於這個懂得愛護自我，且樂於享受人生的美麗族群。

位在新北市三重區一條車來人往的平凡住宅巷弄裡，Penny Spa 提供給顧客的服務及體驗卻十分不平凡，創辦人 Penny 透過從事美容產業多年的資深經歷，從客製化的皮膚調理、愜意的岩盤浴體雕，到熱蠟美肌、耳燭、美睫和美甲等一條龍多重項目，為來到 Penny Spa 的顧客打造出一個簡單而安靜的休憩環境，讓客人能夠輕鬆體驗到美之享受，更在產業間完美展現何謂用心、專業而多元化的細緻服務。

至始至終：
美容是興趣，更是一輩子的志業

　　在這多變而匆促的時代裡，從事過好幾種職業、工作換了再換，已是現代社會中的一種常態現象；而在這樣的潮流裡，「獨一」則顯得十分新奇，Penny Spa 創辦人 Penny 就是一位如此特別又珍貴的存在。

　　Penny 仔細回想起當年，笑著說道：「我是一個很愛漂亮的女生，可是青春期的時候卻長了很多痘痘，於是我就去美容工作室做臉，想改善痘痘的情況。結果去做臉的時候，那位做臉的阿姨就問我『妳們有沒有同學想要學美容？』，我讀的雖然是商科，但那時候沒有多想，覺得可以變漂亮，又能夠賺零用錢，我就自告奮勇地去當了學徒。」當時年僅十五、六歲，正邁入碧玉年華的 Penny 萬萬沒有想到，這份工作一做，竟然就是一輩子。

　　「那時的我愛漂亮又做得很有興趣，所以學習的過程對我來說一點也不辛苦，我就從高一那年開始半工半讀，高職商科畢業之後去考了美容丙級證照，就一直做美容直到現在。」沒有換過職業的 Penny，跟著她的美容啟蒙老師在工作室學習、工作了五年，通過美容技術士技能檢定之後，陸續在三間大型美容加盟店工作十餘年，因此，在正式創業以前，Penny 已從業界累積了相當深厚的專業實力，為她日後作為一名經營管理者，開創一條扎實而順遂的事業道路。

　　談及為何想創業開店，Penny 表示，既然對美容領域做出了興趣和成就感，那更應該向下扎根，把這份事業做得更穩更好，因為美容既是興趣，更是一輩子的志業。「當時的我才三十出頭而已，還很年輕，我覺得我應該嘗試著出去闖看看，也就這樣開始創業。」由於不想辜負自己所精熟的美容專長，Penny 走上了一般人眼中必須投入大量時間、心力及勞力的創業之路。

圖｜由資深美容老師 Penny 所創立的 Penny Spa，注重客人來店體驗時的感受，特別精心打造出「像回到家一樣」，簡單、素雅、乾淨和整潔的服務環境，讓客人不緊張、無壓力地的享受美容師的專業技術

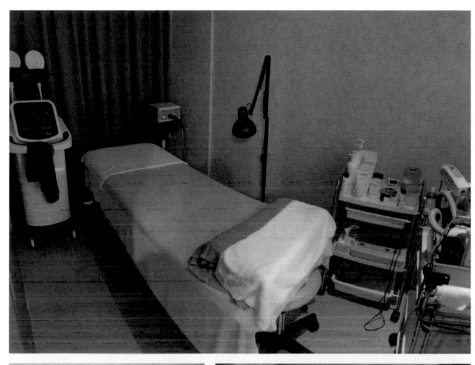

「一開始，我在三重這邊找了個九坪的一樓店面，或許是天時、地利、人和，多少有一點運氣的關係，這家店就這樣做了起來，而且還越做越好，後來隔壁棟的二樓要出租，我也把它租了下來，變成擁有兩層樓的店面，直到今年終於有機會把二樓移回原來建築的樓上，我們才在今年的疫情期間把店面全部敲掉，重新裝潢。」

讓店面煥然一新，希望顧客能夠在簡單、素雅與整潔的環境裡，從臉部、身體保養等多元化的服務項目之中，像是回到家一樣，享受用心、有溫度的細緻服務，是 Penny Spa 自 2011 年開業以來，至始至終所秉持著的不變理念。

凡事都是有捨才會有得

現今創業當老闆者比比皆是，但是在一年、三年和多年以後依然在市場上穩健生存下去的，卻是少數中的少數，原因在於創業路上不乏有創業者當初意想不到的狀況發生，例如：難以尋覓到理想的人才、未有足夠的資金繼續營運，或是品牌遲遲無法打開知名度等。針對此種現象，Penny 則自信地表示，「做這行會遇到的困難，如果是二十多年前我當學徒的時候，那時需要去克服的可能就是技術還不夠熟練；至於十年前剛開業時，比較辛苦的事情就是管理團隊吧！」

和許多創業者所面臨的情況相似，Penny 表示最初雇用美容師時，其真實的工作情況相較其它行業來說確實難以掌握，「畢竟做臉的時候，就是在一個隱蔽的空間，你也沒有辦法知道美容師在面對客人的當下，到底做的好不好，如果有不

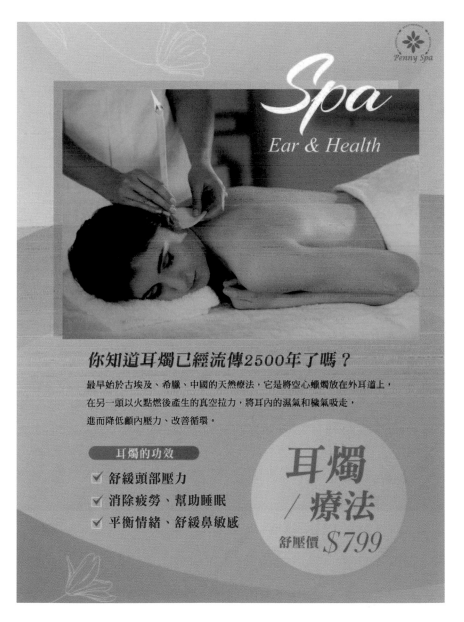

圖｜全新引進的耳燭服務，來到 Penny Spa 的顧客將從這項天然療法中，
擁有另一層次的體驗

好的地方，大概就是從網路上的評論多少去了解到，或是客人當下直接跟我們反應。」不論身處哪個行業，都是一連串的學習、嘗試，再從錯誤和失敗中習得經驗，然後漸漸地邁向成功，因此，員工若有服務客人的相關問題，或是任何小錯誤需要糾正，Penny 選擇私底下盡心盡力地教導員工，並透過對話的方式，理解員工的意見跟想法。

或許是 Penny 在行業二十多年的資歷，看過形形色色的人、走過許多的風風雨雨，讓她逐漸體悟出，不論是管理員工或者服務客人，其實只要將心比心，根本沒有處理不來的事情，創業道路上所謂的困難，便也就消失的無影無蹤。「現在 Penny Spa 的團隊裡有我、兩位美容師、一位美睫美甲師，他們都是平均擁有十年資歷的資深美容師，我們的相處都是互相的。創業之後我總覺得吃虧就是佔便宜，所以員工的薪資、獎金跟禮金等，我都不會吝嗇，應有的獎勵，甚至是雙倍我也都會給，因為大方點、不跟員工計較，員工自然會為你著想、認真工作，一切也就順利了。」

在美容產業裡茁壯的豐富經歷，促使 Penny 擁有一個相對成熟和圓滿的心態去看待每一件事情，「凡事真的都是有捨才會有得，比如服務客人，我會建議不要以賺客人的錢為目的去工作，因為你的言行跟動機客人其實都感受的出來，當我們用幫助客人的心態去工作時，他們自然而然感受的到，在他們完全信任美容師之後，就算我們不想著賺錢，也會開始有金錢上、甚至是人際上的收穫，因此我們跟客人的連結，都是非常緊密的，就像朋友一樣！」

圖｜ Penny Spa 的美容團隊互相學習照顧、支持彼此，當團隊有正能量後，才能把這份幸福傳遞給顧客與社會大眾

Body and Skin Care

身體 / 臉部保養

單堂課程

		（原價）	（體驗價）
臉部保養	(1.5-2小時)	$2500	$1299
精油按摩	(60分鐘)	$1500	$1099
全身去角質敷體	(70分鐘)	$2000	$1299
美背	(1-1.5小時)	$2500	$1299
美胸	(30分鐘)	$1200	$899
體雕	(30分鐘)	$1200	$699
岩盤浴	(50分鐘)	$800	$599
臉部撥筋	(20分鐘)	$800	$599
頭部放鬆	(30分鐘)	$800	$599
背部放鬆	(30分鐘)	$800	$699
腿部放鬆	(30分鐘)	$800	$699
水雷射		$1200	$799

Hair Removal

除毛療程

（部位）	（原價）	（體驗價）	儲值 $3000	儲值 $5000	儲值 $8000
腋下	$700	$399	$450	$400	$350
鬍子	$300	$199	$200	$150	$150
小手臂	$800	$599	$600	$500	$400
全手臂	$1200	$799	$1000	$900	$800
小腿	$1200	$699	$800	$700	$700
全腿	$1500	$999	$1200	$1100	$1000
上腹	$800	$499	$500	$400	$350
全背	$1500	$999	$1000	$900	$800
比基尼	$1500	$999	$1000	$900	$800
全除 (巴西式)	$2500	$1999	$2000	$1800	$1500

不細分、不推銷，皮膚調理客製化更有感

大多數的美容護膚中心，為了有效營運及獲利，會為每一位美容師設定相當程度上的業績目標，也導致美容師在工作時，必需一邊服務、一邊向客人推銷課程和產品，Penny 懇切地說道：「首先，有設定業績目標的話，美容師不僅無法完全發揮專業、用心服務客人，還得分心跟客人推銷，這種壓力是很大很可怕的；還在當學徒的時候，我就告訴自己，以後當老闆我不要這樣對待員工，我希望我雇用的美容師可以很自在地工作，互相照顧、一起成長；這樣客人也不會覺得一直被推銷，也不會有不舒服的感受。」

以不推銷課程及產品為出發點，來到 Penny Spa 保養臉部、身體，進行皮膚調理的客人，不需要像走入坊間其它美容護膚中心一樣，被分類成需要買美白課程、緊緻課程、控油課程、敏感課程、抗老課程等。Penny 解釋：「我們所有的臉部課程，就只有一種，因為我不去細分，而是針對客人臉部的皮膚狀況去做調整，這次需要解決敏感問題，我就做敏感的；下次有美白或是其它需求，我就針對這些需求給予客人他所需要的幫助。」只有一種課程聽起來非常簡單，但是背後所需要累積的經驗和功夫可一點都不簡單，「為了正確地判斷每一位客人皮膚的狀況，我雇用員工一定找有相關經驗的，像我們店裡的美容師資歷都是十年以上了！」

不以營利為先，Penny 用同理的心態真心為客人著想，幫助他們解決問題，也許是「有捨才會有得」理念的奏效，Penny Spa 自開業以來，便獲得許多顧客的信任，培養出一大群忠實顧客。「客人來做臉就像回家一樣，是很放鬆的一個狀態，我的堅持是不細分、不推銷，單純使用品質優異的『育膚堂』美容護膚產品，搭配店裡資深美容師的優秀技術，用客製化的方式去調理客戶皮膚。客人來到 Penny Spa 就是休息，因為這種輕鬆簡單的模式，我的客人都跟著我很久了，有的從大學時期做到結婚；有的從結婚做到懷孕，還有生了小孩、現在小孩上國中青春期又帶回來給我做臉的。」

由於顧客能夠得到扎實而專業的技術服務，在臉部保養以外也有精油按摩、全身去角質敷體、美背、美胸，以及頭部、背部至腿部的身體保養，從頭到腳都能感受到美容師的細膩與用心，Penny Spa 透過忠實顧客的介紹，獲得越來越多客人的親睞，「傾聽客人的聲音很重要，客人有什麼需求我們都會盡量做到，客人滿意我們也就做得開心。」

　　除了現場清粉刺和全身護膚保養的實際操作，Penny Spa 也透過專業的管理團隊，在社群平台上積極與大眾分享護膚相關知識，例如：從日常生活的題材著手，問網友「妳是不是會不自覺地摸臉？」緊接著說明摸臉為皮膚帶來的傷害有哪些，透過能夠引發共鳴的貼文，讓網友對 Penny Spa 有一個初步的認識，藉著社群上的互動拉近彼此距離，使其進而成為 Penny Spa 的新顧客，這也是 Penny 所堅持的不以商業為出發點，首先要捨去、付出甚至奉獻，才會有所得的思維運用與展現。

圖｜Penny Spa 服務項目之價目表，技術優良、價格親切，是顧客們口中 CP 值極高的美麗殿堂

臉部保養療程

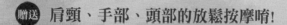

臉部保養包含

清潔→去角質→清粉刺→精華液導入

→臉部按摩→敷臉

贈送 肩頸、手部、頭部的放鬆按摩唷!

(時間:1.5-2小時左右)

體驗價 *1299*

擊敗瑕疵

煥膚首選

緻顏微晶是物理性肌膚更新課程
純淨的「藍銅微晶」透過按摩進入肌底進行修護機制
肌膚可重新賦活蘊生

藍銅石斛養膚面膜

緻顏微晶課程 (藻針護膚)
體驗價 *$1899* (原價$3000)

送 藍銅石斛養膚面膜　197

岩盤浴體雕：省時省力的美體新選擇

　　不同於過去需要耗費大量體力的勞務工作，現代人賺錢養家糊口的地方有一大部分是在辦公室，這類上班族長時間坐在電腦桌前，沒有太多肢體伸展活動，再加上有些公司甚至還有下午茶、團購等辦公室文化，使得上班族的體重直線上升，因此，下班後到健身房或球場運動，甩掉堆積出來的脂肪，也排解累積了一整日的壓力，已成為現代人下班後的例行公事。然而，並非每個人下班後都有充足的時間可以運動，有些人必需交際應酬、有些人必需照顧家庭，在這般有限的時間裡，當體力和心力都已耗盡時，有一種叫做「岩盤浴體雕」的美體新選擇，讓忙碌的人們在單薄的休閒時間裡，輕鬆達到減肥、瘦身，甚至雕塑出完美身型曲線的效果。

　　相較於在醫美診所進行抽脂手術，以達到瘦身和雕塑效果的侵入式體雕，岩盤浴體雕則屬於透過熱能將身體脂肪進行分解，促進身體新陳代謝並排出毒素的非侵入式體雕；前者的效果主觀且費用高昂，後者則是以較溫和的方式達到理想體態，收取的費用相對平易近人，CP 值相當高。

　　Penny Spa 除了皮膚調理口碑做得響亮，日式岩盤浴體雕也頗受顧客們的歡迎。Penny 說明：「現在的上班族缺乏運動，尤其是女生生理期前後、更年期這階段身

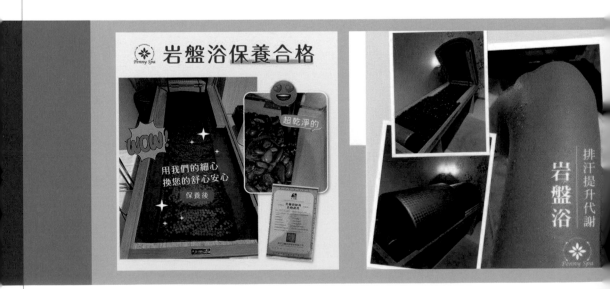

體比較容易水腫，岩盤浴體雕可以幫忙代謝體內多餘的水分，加速我們身體裡的循環。方式就是，舒舒服服地躺在溫熱的天然礦石上面四十分鐘，艙體溫度會達到攝氏 55 至 60 度，濕度控制在 50% 左右，身體會從深層慢慢溫熱起來，這樣排出的汗水就等於我們跑步十公里的量，對時間跟體力都有限的人來說，是很省時省力又方便的一種選擇。我們也很推薦產後想要雕塑體型的媽咪來嘗試。」

躺著就可以變美，聽起來不可思議，Penny 緊接著說：「它是真的可以達到你想要的瘦身效果，我們還有體雕按摩，就是借助儀器被動式去鍛鍊肌肉，但綜合來說，飲食的控制更是重要，所以我們會了解客人的飲食習慣，給予一些飲食方面的建議，這樣搭配起來整體的效果才會快又明顯。當然，這需要客人本身的恆心跟毅力去雙重維持。」

Penny Spa 對於岩盤浴的清潔及安全性也相當重視，Penny 表示，「我們店內的岩盤浴在使用完畢後，一定會做好清潔跟消毒，而且廠商也會定期來做艙體的深度殺菌跟安全檢測，客人們可以安心享受。」不只提供客人有效的技術和服務，以顧客的健康和安全為優先考量，更讓來到店內的每個人，都能夠感受到 Penny Spa 的用心。

圖｜顧客的岩盤浴體雕實際體驗。在大量的排汗和身心逐漸放鬆之中，享受優雅變美

熱蠟、耳燭、美睫與美甲，
一條龍多元化服務

　　除了皮膚調理和日式岩盤浴體雕有所專精之外，Penny Spa 為了讓顧客能夠在繁忙的生活中，有機會體驗到一系列的美麗享受，也提供了從熱蠟美肌、耳燭、美睫到美甲等一條龍的多元化服務。不分男女，Penny Spa 讓走進店裡的顧客，享受他們所需要的技術服務，就是為了讓他們的身體得到更好的呵護，因為當一個人的身體得到了良好的照顧，心靈自然會得到放鬆及療癒，這也是 Penny Spa 採取多元化服務的初心。

　　Penny 針對服務項目解釋道：「我們的熱蠟美肌除毛療程從鬍子、腋下、手臂、上腹、背部、腿部到全除都有，費用真的很親民，不論是哪個季節，把身體上的毛髮去除，會讓人感到美觀又自信。耳燭是我們今年新推出的服務，它的歷史其實已經有兩千五百年，以前古埃及、希臘跟中國都有這種天然療法，簡單來說就是利用空心蠟燭把耳內的濕氣跟穢氣吸走，透過舒緩頭部的壓力，達到消除疲勞、幫助睡眠跟平衡情緒的功效。」

　　Penny Spa 不僅給予顧客細緻的全身保養和天然療癒服務，Penny 也補充：「美麗是由內而外的，外在也要美美的，所以我們也有美睫和美甲的服務，這對我們的客人來說很方便，因為在這個區域深耕很久了，客人都很信任我們，他們不需要再分開找，只要進到 Penny Spa 就可以做足所有需要的項目。」從顧客的角度出發，為客人著想、給予方便，最重要的是不推銷，不讓客人感受到任何不舒服，在多元化的一條龍服務下，讓 Penny Spa 成為顧客心目中的第一名。

善用歸零哲學，才能充實並精進自我

　　從事美容護膚行業近三十年的 Penny，是許多美容師口中的「Penny 老師」，對於想要入行的新手，或是計劃自行創業的美容師，Penny 也從過去數十年來自身寶貴的經驗中，為新手提取出珍貴的養分，並給予許多實用的建議，而其中的核心概念即是所謂的「歸零哲學」。

　　「以想要入行的人來說，我覺得真的不可以怕吃苦，例如：現在的年輕人你教他按身體，他練習練到手發炎就會說手好痛，吃到一點苦頭他就哇哇叫，吃不了苦是很難在這個行業裡長久待下去的。所以我都覺得，不論做哪個行業最重要的就是要有興趣，有興趣才能把這份工作一直做下去。」說著，Penny 彷彿回想起當學徒時的自己，對美容護膚領域極有興趣的模樣，當初的她，也是因為擁有無比的熱忱，把興趣做成了一輩子的志業，才能至今依然堅守在美容專業的軌道上。

而擁有數年，甚至是數十年經驗的美容師，Penny 則建議，「你可能想換新環境，可能想自己出去開店創業，我認為不論是哪一個方向，一定要學會讓自己『歸零』。舉例來說，以前我或許在大型加盟店工作了很長的一段時間，做到了店長這個職位，看過、服務過各種客人，但一旦到新的店，換了新的環境，就必須捨下自己以前的資歷，讓一切從頭開始；因為只有讓自己『空』下來，才有更多的空間可以充實跟精進自己的技術、服務以及態度。」

　　Penny 的歸零哲學，背後所訴說的其實是一種講究用心、努力與累積的專業精神，「有賺到錢也一樣，把賺來的錢部分投資在學習新的技術上面，才能賺更多的錢，這是不變的道理，我們店裡的美容師，包括我自己，大家都會定期上課做培訓；而當業界有新的技術、工具跟儀器出現時，我們也會儘早引進，讓 Penny Spa 的顧客都能夠擁有最新穎的享受。」把收穫重新運用在正確的地方，接下來的回饋及效益則會如同雪球般越滾越大。

　　創業十餘年，Penny 在談及創業的辛勞時，直呼剛創業的日子真的非常辛苦，「一開始我每天早上八點送小孩去學校上課後，就開始做第一個客人，一直做到晚上十一點、十二點，有時候結完帳都已經凌晨一點了，而且中間都沒有停下來過，有時候做完工作，當天的早餐還擺在那邊。也是因為這樣，太辛苦了，有一段時間根本沒有陪伴到小孩，所以我們現在固定在星期天休息，盡量讓自己在工作跟生活之間取得平衡。」

　　從入行到創業，Penny 付出近三十年的努力與毅力，箇中滋味大概只有經歷過、體會過的人才明白，而那股帶有堅韌的溫柔，如今已在 Penny Spa 發酵為一種由品牌核心價值所貫穿，無法被取代的精神及理念。

圖｜即使擁有二十多年的資歷，Penny 老師依然時時刻刻實踐「歸零哲學」，學習新的美容知識及技術，以身作則為員工設立一個良好的榜樣，也是對 Penny Spa 顧客負責任的態度

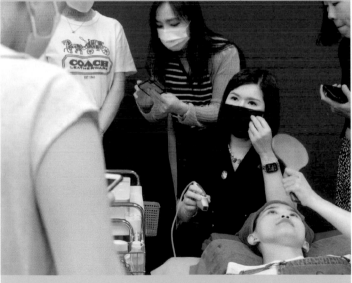

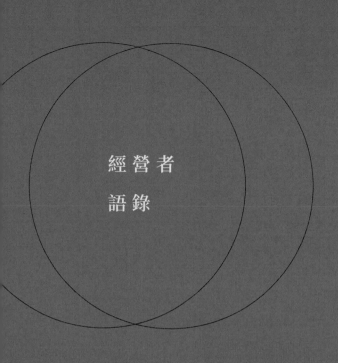

經 營 者
語 錄

"

想要當一位好的經營者，
必須先成為一位真正的顧客，
將心比心，
把自己希望得到的服務與感受，
真切而用心地實踐在
信任你的每一位顧客身上。

PENNY SPA

公司地址
新北市三重區慈愛街 171 號 1 樓

聯絡電話
0926 069 665

Facebook
Penny Spa

Instagram
@pennyspa299

國家圖書館出版品預行編目資料:(CIP)

貴婦私藏:全台十大質感護膚 SALON / 以利文化作；
江芳吟 , 吳欣芳 , 張荔媛撰文 .
-- 初版 . -- 臺中市 : 以利文化出版有限公司 , 2022.10
    面；　公分
ISBN 978-626-95880-2-2(精裝)

1.CST: 美容業 2.CST: 創業

489.12   111015747

貴婦私藏 - 全台十大質感護膚 SALON

作　　　者／以利文化
企劃總監／呂國正
編　　　輯／呂悅靈
撰　　　文／江芳吟、吳欣芳、張荔媛
校　　　對／王麗美、陳瀅瀅
排版設計／洪千彗
出　　　版／以利文化出版有限公司
地　　　址／台中市北屯區祥順五街 46 號
電　　　話／04-3609-8587
製版印刷／象元印刷事業股份有限公司
經　　　銷／白象文化事業有限公司
地　　　址／台中市東區和平街 228 巷 44 號
電　　　話／04-2220-8589
出版日期／2022 年 10 月
版　　　次／初版
定　　　價／新臺幣 550 元
Ｉ Ｓ Ｂ Ｎ／978-626-95880-2-2(精裝)